U0919962

卓越科学家的工作与创新方法系列研究丛书

范例研究

科学大师与创新方法

刘大椿　主编
刘大椿　潘　睿　著

中国科学技术出版社
·北　京·

图书在版编目（CIP）数据

范例研究：科学大师与创新方法/刘大椿，潘睿著. —北京：中国科学技术出版社，2012.1

（卓越科学家的工作与创新方法系列研究丛书/刘大椿主编）

ISBN 978-7-5046-5952-1

I. ①范… II. ①刘… ②潘… III. ①科学研究—研究方法 IV. ①G312

中国版本图书馆CIP数据核字（2011）第218336号

策划编辑 郑洪炜
责任编辑 李　剑
责任校对 王勤杰
责任印制 王　沛

出　　版 中国科学技术出版社
发　　行 科学普及出版社发行部
地　　址 北京市海淀区中关村南大街16号
邮　　编 100081
发行电话 010-62173865
传　　真 010-62179148
投稿电话 010-62176522
网　　址 http://www.cspbooks.com.cn

开　　本 787mm×960mm　1/16
字　　数 204千字
印　　张 12.5
版　　次 2012年1月第1版
印　　次 2012年1月第1次印刷
印　　刷 北京长宁印刷有限公司

书　　号 ISBN 978-7-5046-5952-1/G·568
定　　价 25.00元

科技部创新方法工作专项项目[2008IM020100]

Contents 目录

总序 TOTAL ORDER

刘大椿

科学发现，技术发明，都是创造性事业，它们需要特定的环境条件，更端赖有特定素养的人，但在所有的创造性要素中，最不可须臾忽缺的，就是不与前人和周遭同仁雷同的原始创新。而原始创新，最重要的还是创新方法。

创新方法研究的直接和最终目标，在于正确把握科学思维、科学方法、科学工具的意义和作用，确立科学思维创新、科学方法创新、科学工具创新的具体机制，提高我国科技工作者和公民的科学素养。

呼唤创造性，提倡原始创新，不能不关注创新方法，但切不可抱持一蹴而就、马到成功的浮躁心态，因为，并没有一种放之四海而皆准的、可以清楚总结出来作为规范的所谓创新方法。如果有的话，创新就不在话下，而能把这种创新规范倒背如流、熟练掌握的人，也将是万能的科学创造者了。但这在实际上，不就是等于取消了创新吗?

那么，我们该怎样研究和讨论创新方法呢?

从科学方法的规范性研究到创新方法的启发式研究

自近代科学产生以来，世界许多科学家和方法论专家特别关注科学方法的意义和具体运用，近、现代科学史上许多重大科学发现本身就是科学思维、科学方法或科学工具上的创新。

在我国，关于现代科学方法的研究则兴起于20世纪二、三十年代。新中国成立以来，这方面的研究主要又集中在三方面：一是自然辩证法学界对科学方法的研究，二是国内科学家针对特定学科领域进行的科学方法研究，三是译介国外学者关于科学方法的论著。大致上，国内学者关于科学方法的研究比较注重对科学认识逻辑和理论思维方法的研究，侧重于对一些基础性科学研究方法的历史性描述与总结，而对于科学方法的创新性则相对忽视，并且缺乏与科学家具体科研实践的紧密结合。

方法之于科学，重要性不言而喻，只是人们未必知道，这种重要性同时还带来了科学家在解决问题、扩展知识的过程中应当遵循某种规范的信念。长久以来，科学被视为人类理性事业的绝对典范，而方法，正是科学取得成功的根本保证。在认识层面，方法规定了获得真知的规则和程序，在实践领域，方法又明确了达至具体目标的途径与工具，于是，人们就将这样的科学方法认定为最佳，而作为规律性知识和实践模式之集中体现的方法程式，自然也就成为人们尽力依循的标准，乃至努力追求的目标。

不仅如此，基于方法与科学之间的直接联系，许多人在一定程度上把科学等价于方法，认为使一种研究成为科学的那种东西，不是这种研究所涉及的事物的本性，而是这种研究用以处理这些事物的方法，如此，就连评判科学的标准也可以约化成方法。相当长期间的科学方法研究，或说科学方法论，就一直试图寻找这样的标准，以期最终能用那些不变的、应绝对遵守的原则和方法来从事科学研究。

然而，这种对方法论标准的寻求和程式化努力，却在20世纪以来的科学演进中变得不复绝对有益。这一时期，人类的认识视野急剧推进，认识背景从以感觉知觉转变为以思维操作为主，科学理论的建构性成分越多，对观察现象与科学事实的理解便越难统一。在这样的背景下，科学方法标准观念的设定日显不着边际，相反，让方法成为活生生的、可以成长的工具或手段的理念则大得人心。

这也就是说，科学事业愈向前推进，方法多元化的发展格局就愈清晰，创新方法研究的重要性也愈发迫切。然而，对于这样一种旨在提示人们寻求科学探究更好途径的创新方法研究，原来那种以制定常则为目的的规范性研究方式已经不够了。如果说此前科学方法论采用规范性研究方式尚能有所斩获，因为规范性研究可满足在认识论意义上对“结构”与“规律”等方面的需要，而如今，想要围绕创新方法的实际运用做些扎扎实实的事情，规范性方式的短处就暴露无遗了。

首先，真正的创新通常是不合逻辑的，围绕创新方法问题，即使能够措辞严谨地给出界定和解释，对于我们切实了解和把握它，实际上也不会有太多具体的帮助。其次，纵然一般方法论规则对于概括和明晰认识规律有一定的必要，但它们的意义也仅限于此，创新方法研究的目的绝不仅仅是为了揭示这些一般性的适用原则。就好比我们开车到一个地方去，交通规则和驾驶技术尽管都是必要的，但并不意味着我们因此就知道如何选择一条最短的路径到达目的地。最后，一切科学方法论事先设定的规则，即便不是禁令式的，也只能限于一种消极、机械的表述，并不能结合千变万化的情况而激发出人们积极的创新能力，而后者，恰恰才是创新方法研究为之努力达到的目标。

总之，创新方法研究不是要制定传统科学方法论意义上的普遍的、规范的和确定的常则——在貌似有章可循的指令之下，似乎每个人都能为此做点什么，但实际上却没有谁能最终做出些什么来——我们的研究要竭力避免这样的结果。然而，这也不是说人们只能望“法”兴叹，事实上，创新方法即便不能按照某些规定加以实现，但也绝非凭空而至之事。一种富有成果的创新方法研究，就是要将任何有可能帮助实现创新的异质性因素转化为实际启发创新的内在要素。

对于方法，既可以从规范性意义上去理解，也可以从启发式意义上来理解。当以区别科学方法与非科学方法作为主要目标时，比较流行的是从规范性意义上理解，然而，一旦进入真正科学发现或技术发明的实践层面，规范性意义上理解的科学方法是无法自动带来创新的，一味拘泥于此理解，反而可能导致落后和失败，这时，从启发式意义上来理解的方法就是必要的了。

基于这样一种理解上的区分，传统的科学方法论与当下创新方法研究的目标便易于区别了。传统的科学方法论，其目标是认识论的，即从逻辑上重构科学研究的逻辑过程，是面向过去的解释理论，追求普遍性。当下的创新方法研究则立足于对创新实践有所启发，是面向未来的指导理论，追求启发性。抑或可说，创新方法研究具备一种实用的和直接指向行动的研究目标，尽管它所追求的启发性根本不能达到普遍性的高度——往往只能在某个狭窄领域或具体问题上重复使用，或者仅仅是具有启发意义——但它依然称得上是某种对创新的实质性支持；至于科学方法论，其关于科学过程的认识论重构再完美，对于未来的创新方法实践都只能是基础性的。

作为一种启发式的分析，创新方法研究因此只能是“助成法”而不是“必成法”，“这样必定成功”和“怎么都会成功”都是不合理的设定，正确的理解是“这样较易成功”。基于对创新方法研究定位的这种明确认识，我们就主张用“助发现”作为创新方法研究本身的方法论指导，因为试图建构一种完全确定的、机械的甚至逻辑演算的创新方法体系是不可能的，启发式的创新方法更多是间接的帮助，而不是直接的操作。于此，找到一种能够更好地体现、贯彻“助发现”思想的具体研究方式，从而把那些不容易讲的、但又值得讲的东西彻底讲清楚，就成为我们的当务之急。这种方式已经找到了，就是创新方法的范例研究方式。

为什么选择范例研究方式？

创新方法问题不论如何复杂，如何充满悖论，因事关科学创造性，人类不可能在科学技术实践中盲目地撞大运，所以必定会仔细讨论和审度创新方法。与实践联系十分密切，对方法的研究自然也就是一种实践性较强的研究——它不仅具备一种实用的和直接面向行动的研究目标，而且也需要用丰富生动的实践来加以说明和解释。显然，客观地考察创新方法这样不确定的东西的企图本身，从一开始就包含着一种矛盾：对于今后未可知的结果，谁也无法说出如此这般就是新方法所必须的。换言之，人们即便只是一般地谈论它，也只能在科学发现的事后进行推断或研判。所以，不得不承认，围绕创新方法的任何探讨都无法不限于科学家的实践，只有它们，才是对当前和未来都有深刻意义的重要经验。

说一种研究具有很强的实践性，那就意味着，作为研究者，我们一方面要深入实践，另一方面也要有适当的话语方式接近实践。结合近年来人文社会科学领域这类实践性较强的研究中所出现的叙事转向，我们认为，方法论也同样面临着一个从逻辑的哲学式话语向经验的叙述式话语的转向问题，质言之，坚持扶助、激发和培育等启发式思路的创新方法研究，必须悬置传统的逻辑重建追求，代之以一种类似"解释学循环"的情境性方式。

如果说方法研究就是从科学家的历史经验中选择那种在后来的经验中富有成效并具有创造性的经验，那么，现实情况却是，方法研究的理论进路不等于、且无法替代从方法实践中获取经验的方式，常规的逻辑框架也根本不能将一位科学家进行方法探究的过程或细节叙述详尽。在这种情况下，研究者只有提供一种具有生活语言风格的研究文本，或者说经验的叙事方式，才能改变自上而下的视角，而让读者更深入地走进历史现场，揭示在规范研究下已被过滤掉和被遗忘的真实过程和细节，从而更加接近对创新方法之运用的实质性理解。

就这样，一种经验研究的典型方式——范例研究进入我们的视野之中。这种问世不久就显示出重要价值并风行于诸多领域的研究方式，由于可以提供扎根于实践的具体经验，因此在满足那些极具复杂性、过程性等特点的实践问题的研究方面有着其他研究方式难以企及的优势。

概而言之，创新方法不是一种传统科学方法意义上的普遍的、规范的和确定的常则，更多的是一种启发式的、助发现的、支持性的东西，至少包括理念上的、逻辑上的、心理上的、制度上的和文化上的各种可重复的“帮助”或“方法”。

启发式的创新方法论追求对未来创新活动的实用性指导，寻找能在一定程度上可重复、可启发和可操作的“方法”。也就是说，创新方法不等于科学方法，科学方法属于创新方法的组成部分，不能把创新方法仅仅作为认识活动或科学方法来研究。

启发式的创新方法论并不指望规范未来的创新活动，相反它恰恰指望在过去轨迹的基础上突破过去。所以，在实际运用中，创新方法必定要出现变形、扭曲甚至倒置的情形，不可能完全地重复。这种不完全重复恰恰是启发式的创新方法论所要求的，即对创新方法的运用不是重复，而是又一次的创新。能够给新的创新以更多帮助的创新方法，就是好的创新方法。

启发式的创新方法坚持扶助、激发和培育的思路，悬置客观性、真理和逻辑的追求，因而不排斥经验归纳法。然而启发式的创新方法论对过去的归纳不是为了重复过去，而是汲取过去的智慧，并以此为基础再创造。所以，这里并不存在经验归纳与未来重复之间的矛盾。并且，从本质上看，启发式的创新方法研究只能走经验研究的道路，而不是走逻辑研究的道路。换言之，经验归纳、总结和一定范围的普遍化是创新方法研究的基本方法，不同于科学方法研究的逻辑重建方法。

在启发式的创新方法论背景下，创新心理研究、创新制度研究和创新文化研究等对创新方法的非逻辑研究当然属于创新方法论的范围。创新心理研究要解决的核心问题是：如何使个体达到最佳的创新心理状态？创新制度研究要解决的核心问题是：如何建构一种使群体达到最佳的创新心理状态的制度？创新文化研究要解决的问题是：如何培育一种激发创新的文化环境？因此，创新方法研究是异质性的、复杂性的，各个分支在主旨、视角以及问题域、应答域上差异很大，启发式的创新方法论不以一个逻辑严整的理论体系为目标，严守帮助创新的实用性诉求。

关于创新方法的最好展示，是回到科学本身。科学范例作为人类进步阶梯上的宝贵足迹，其间蕴藏着很多人所梦想的发现之艺术，它们因独特性地展现了对象世界的经验现实而彰显出自身的杰出性。当研究围绕某个范例的展开，能够结合具有生活化特征的日常经验情境进行关于科学探究过程的整体性描述时，读者也就进入了一场对这些发现艺术的从头到尾的“边缘参与”之旅。这个过程中，人们即便不是直接经验，也仍然可以对某项发现的具体过程进行一次全面、动态的观摩，若再反复研究，洞察其幽，也就能领会到方法创新的实践诀窍和“秘密”技巧，从而发展出自己的默会知识与能力，所谓细节之处见真章，范例研究的这一点，是其他方式所不能比拟的。

另一个显而易见的成果，还在于范例研究能够给人们指出各种最有希望的途径，我们称之为创新法则指南。纵然一举使人的大脑变聪明并在短时间内实现创新是不可能的，但如果我们起码了解了避免失败的方式，那么是可以取得真正的改进的。再则，从不同的思想途径得以交汇的观点出发，入乎其内，出乎其外，人们便可以用比较自由的视角环视周围，发现前所未知的道路。

此外，范例研究中充满人性的原始材料无疑也是有趣和感人的，这会帮助人们在更近的距离以内，感受科学家的人格魅力，消除多数人头脑中也许存在的对科学家的刻板印象，从而恢复科学的人性形象。与此同时，范例还有助于唤起人们从事创新的巨大激情——了解伟大发现的一个重要后果，就是其他人受到鼓励去追寻更多的发现之艺术，从而源源不断地培养出承继科学事业的后来者，在感召的意义上，范例研究这样的方式将拥有最大量的受众。

总之，如果没有具体的范例，关于科学进步怎样取得、科学探究如何进行的概括就将是空洞的，从而谈不上有何启发，人们更是无从体会科学的永恒创新及其人道价值。征之于智慧意义的示范性与美学意义的感召力，我们的研究最终才能从根本上有助于人们对创新方法本质的理解和对科学实践要旨的传承。

本课题对创新方法范例的遴选

应该说，最具显示度并易于理解和普及的范例是卓越科学家的创新方法范例，而以人带事，通过对卓越科学家事业、人格、思想的概括和分析，生动而具体地展现创新方法的实际运用和重要作用，也是本课题的着眼点。具体说来，由于国内关于创新方法的研究，较为缺乏与自身文化传统和科研实践结合，学理探讨远远多于范例研究，因而更要结合本国科学方法发展的实际多做工作。作为科技基础性工作专项项目研究，本课题将遴选的范围圈定在本土（包括华裔）的著名科学人物中间，且以刚刚过去的一百年中的科学家为主。如所周知，我国的学问家和发明家昔日有过辉煌的成就，这种荣光在20世纪后得以复活亦有目共睹，作为整个中国现代科学技术史最重要的时期，20世纪的中国科学技术事业，不仅成果源源不尽地汇入人类文明史册，而且达至这些成果的创新方法也奇光闪耀。

有关范例的选择，本课题具体采取了综合范例研究这一复杂方式，它研究的不是一个而是多个范例。具体而言，所选取的范例涵盖数、理、化、农业、工程、高科技、人文及领军型、领袖型等多种学科和类型的卓越科学家，以图较好地反映创新方法在我国过去一百年最顶尖的科学工作中的关键作用。

应该说，这种做法对于较大程度地提升创新方法范例研究成果的通用性有很大帮助。通用性，即指从范例研究中得出的相关教益完全可以外推到相似的其他情境中。本来，作为一种以特殊体现普遍、以具体反映整体、以少见多的形式，每位科学家的创新方法范例不仅可以看做是他自己的一个独特系统，还可同时展示创新方法的共同特征。而不同范例涉及不同学科领域的创新方法，此种有意为之的差别将使得研究结果的解释性更加引人注目。也就是说，通过对一系列主题相似而内容不同的范例的审视，人们不但可以理解一个单一范例如何展开以及为什么它会如此展开，而且，还可以通过不同类型范例的互相参照和彼此印证，加强研究成果的精确性、稳定性以及有效性。一言以蔽之，多范例的根本意义就在于它提升了研究成果所具有的后见之明。

当然，一旦具体进入到某个范例的研究，这种以人带事的方式很可能因为容易面面俱到而导致与主题的疏离。为此，我们规定，以创新方法为主题展开的范例研究，研究者关注的必须是与创新方法有紧密关联的方面。也许对象、事件、情境因范例不同可能有很大变化，但主要的观察视角在这些范例中必须保持核心地位，创新方法始终站在事实材料的前面。这样的特别强调，将免于造成因关注大量历史细节而淹没课题中最重要的事情，始终不离开创新方法范例研究这个核心。

尽管创新方法的范例研究不能包含所有科学探究和创新方法的事件、历程，研究者中的每一个人也只能对少数范例或者范例的少数成分作出贡献，但随着时间的流逝，通过这种个人贡献的叠加和对范例理解的增进，人们就有可能以一种更深刻的方式达到对科学及其进步方法的把握。开始时那种似乎混乱并且像随意组合的东西，最终将呈现出一种比较有条理的格局，正是这一点，构成了创新方法范例研究作为一项科学研究的基础。

总之，创新方法范例研究作为一种叙事性的探讨，其目标在于，哪怕通过并不被认为是系统化的努力，也要让人们在某种程度上理解，没有所谓一成不变的创新方法。因此，他们就会接受类似“任何可以解决问题的方法就是好的方法”这样的观点，修正此前关于科学方法的概念框架，从而增大创新发生的可能性。

在对研究思路进行梳理和总结，对卓越科学家的工作和创新方法进行缜密调研的基础上，本课题研究形成了十个子课题，最终推出了当下这样一套多卷本的系列著作，总称之为《卓越科学家的工作与创新方法系列研究丛书》。其中，《范例研究：科学大师与创新方法》是对创新方法范例研究的一个宏观而实际的阐释，突出科学大师的范例如何有助于加深对创新方法的理解，并对范例研究的意义以及范例研究怎么做等问题进行前提性的交代。它在勾勒基本问题的意义上，应是无愧于后续卷本的领衔之作。其余九本都是具体的创新方法范例研究之作。首先呈现给大家的是方正大师王选和育种大师袁隆平、李振声，他们所提供的创新方法范例极具时代感和说服力；相应的两本书是《方正大师：王选》和《育种大师：袁隆平、李振声》。接着是基础学科物理、化学、数学方面的大师，物理选了杨振宁，化学选了徐光宪，数学则选了华罗庚、陈省身、吴文俊三位院士，他们的成就都是代表性的，在创新方法领域亦多有亮点；相应的三本书是：《物理大师：杨振宁》、《化学大师：徐光宪》、《数学大师：华罗庚、陈省身、吴文俊》。再接着是在我国科技发展的举国体制中作出卓越贡献的两类科学家，即两弹一星领军科学家钱三强、钱学森、赵九章，以及战略性领袖科学家王大珩、叶笃正、刘东生，这些院士在自己的专门领域的成就也是首屈一指的；相应的两本书是：《领军科学家：钱三强、钱学森、赵九章》、《领袖科学家：王大珩、叶笃正、刘东生》。最后两本选取的是工程和人文两方面的重要科学家，工程巨匠以当代桥梁大师为范例，人文大师以20世纪上半叶在巨变时代做出奠基性工作的人文学者为范例，写的都是一组人和事；这两本书是：《桥梁大师：辉煌业绩与创新方法》、《人文大师：奠基性研究与创新方法》。当然，本课题所选取的虽然都是有分量的科学家，但肯定不全面，只能算挂一漏万。唯望对科学大师创新方法的范例研究，人们能首肯：“这是有意义的第一步。”倘如此，则所有的付出都可以忽略不计了。

前言 FOREWORD

方法是重要的。它不单单有助于具体的目的——所谓“工欲善其事，必先利其器”，还被认为是一劳永逸的工具，如明清学者朱舜水所说：“遗子黄金满籯，不如教子一经”，言下之意，黄金用尽不会再有，掌握一门技艺却会让人受益无穷；美国谚语云：“食人之鱼，只供一饭之需；学人之渔，则终身受用无穷”，也可算是异曲同工。

方法又是普遍的。在人类活动的各个领域都有具体而生动的方法。任何一项活动，对于所要变革的客体、分析的对象或研究的课题，不可或缺地都要确定方法，都要选取相应的手段、途径、工具或方式。再者，方法在不同层次上都有自己的具体内容。拿中国古代的方法概念来说，就有“法”、“方”、“术”、“矩”、“器”等多重层面。“法”有标准、原则、规范等涵义，强调了方法的理论依据；“方”和“术”有规矩、程式的涵义，凸显了方法的应用性和操作性；而与之相联系的“矩”和“器”则强调了方法质测性与工具性的特点。

事在易处，求其难之。创新方法说来简单，真正运用却不容易。科学活动面临多种选择，并且，如何创新方法又具随意性，要求科学地讲述创新方法确会让人倍感困难。

从事科学创新，关键之一在于创新方法，“犹弈师之有谱，曲工之有节，匠氏之有绳度，不可不讲究而自得也。”（清人汪琬《尧峰文钞》）然而，科学创新永远具有某种不可预料的性质，就连作出重大创新的科学家本人，事先多不能预料何时可作出创新，事后也难说清楚自己怎样就作出了创新。因此，从理论上对创新方法问题加以探讨虽有极大必要，但其难度也是显而易见的。日本首位诺贝尔获奖者汤川秀树曾说，“客观地考察创造力这样的东西的企图本身，从一开始就包含着一种矛盾。创造力就是指发现人们迄今还不知道的东西，或者就是指发明新的东西。事实上，假若有人能够说出如此这般就是创造力的本性，从而也就是我们为了表现创造力而必须做的事情，那倒是特别奇怪的了。”①

① [日]汤川秀树．创造力与直觉——一个物理学家对于东西方的考察[M]．周林东，译．石家庄：河北科学技术出版社，2000:136-137．

当然，不能说创新是一个无法分析的魔法过程。问题是，在科学发现成功前清楚把握创新方法是否真正可行？换句话说，我们是不是一直在做着“伟大的事后诸葛亮”？其实，正是如此！

在科学发现事后研判其中创新方法的做法当然有点马后炮。但须得承认，实际的情况是，围绕创新方法的任何探讨无法不依赖于其成功已被承认的伟大科学家和他所进行的实践。波兰尼（Michael Polanyi）说得好，“正因为艺术无法精确界定，所以它只能经由体现其精旨的实践范例来传承。你得首先崇信一位大师的作品，继而才能观察他并从他那里真正学到东西。”同样，“唯有相信科学的实质与技巧本质上就是健全的，我们才能把握科学的价值观和科学探寻的技能。”[①] 一直以来，科学都被公认为人类文明所创造出来的对创新方法的最好表述。有理由相信，那些卓越的科学大师之所以能在自己的领域里取得辉煌的成就，必定拥有一种实践科学的创新方法。

因此，遴选卓越科学家范例，通过对范例的研究而洞察并获得创新方法之道的方式，即称之为“创新方法的范例研究”。其目的，正是要通过“事后诸葛亮”式的反思来帮助别人成为“事前诸葛亮”。在范例研究的过程中，总的来说，不求将创新方法之道化约为具体的规则，因为那是超越方法论研究能力之外的不恰当的要求。除了对某些带有共同性、普遍性的问题进行反思，进而寻求新的认识和概括之外，范例研究始终致力于引导人们体会创新方法的精髓，终而臻至“于法而离法”、“无法乃至法”之境。也就是说，通过范例引导一种创新理念，并为创新方法作出极具启发性的准备和铺垫工作，使人们受到启迪，从而增大创新的几率。

如读者即将看到的，本书是对创新方法范例研究的一个宏观阐释，对于如何理解创新方法，何以创新方法要从规范性研究转向范例研究，范例研究的意义以及范例研究怎么做等等问题，一一作了清晰交代。本书无意于为创新方法指示其常规的作业流程，但在勾勒基本问题的意义上，它应是无愧于《卓越科学家的工作与创新方法系列研究丛书》后续卷本的领衔之作。

英国20世纪影响最大的诗人艾略特（T.S.Eliot），曾针对弥尔顿（Milton）的贬抑性批评说过这样的话：在文学评论领域内，学者和作家应该相互取长补

① [英]迈克尔·波兰尼．科学、信仰与社会[M]．王靖华，译．南京：南京大学出版社，2004:14.

短。如果作家多少有点学问，他的创作肯定会更好；如果学者多少能体验到遣词造句之困难，那么他的批评也肯定会更妙。同理，以探索科学创造模式和创新方法为主旨的工作亦需理论与实践兼通的素质。本书著者希望自己在对创新方法的深层次理解和对科学大师范例的细致挖掘方面有所贡献，借助于它们，那些对创新方法感兴趣的人应能有所悟得。

第一章
创新方法的定位

> 如果要理解我们这个时代，有许多变化的细节，……都可以不必谈，我们的注意力必须集中在方法的本身。这才是震撼古老文明基础的真正新鲜事物。
>
> ——怀特海：《科学与近代世界》

时至今日，出现了大量对创新的研究，创新概念也似乎成了学术前卫的时尚理论标签。然而，人们从中所了解的，只是创新能带来什么，对它为什么发生及如何发生却知之甚少。本书则以创新方法为主题，以揭示创新为什么发生及如何发生为旨趣，故而先就创新方法研究之所能、所是、所为这些基本问题逐个加以探讨。

一、创新方法研究之所能

1. 创新方法的确定与不确定

从事科学创新，关键在于创新方法。然而，科学创新永远具有某种不可预料的性质，就连作出重大创新的科学家本人，事先也无法预料何时能作出创新，事后又不甚清楚自己怎样就作出了创新。因此，创新方法从理论上虽有研究的极大必要，但其难度也显而易见。

创新中包含了不确定性。创新是未知状态下的冒险，所以成为创新，必然是没有传统的惯例可以依循，或者没有历史的经验可供借鉴，“许多事情必然是不能肯定的，还有一些事情只能在广大的限度内才能确定，再有一些事情也许就只能‘猜测’。”[①]而当一件事情事先很难完全预期，甚至事后都不能适当评价的时候，客观地考察这样的东西的企图本身，就包含了一种矛盾。如此，“假若有人能够说出如此这般就是创造力的本性，从而也就是我们为了表现创造力而必须做的事情，那倒是特别奇怪的了。”[②]

但与此同时，也正是不确定性的存在为创新的发生提供了空间。人类理性的有限性是创新中不确定性的主要来源，由于没有或不可能有完备的知识来确知、预测未来的状况和结果，超越旧的确定性、创造新的确定性的创新才可能发生。相反，确定性倒是创新过程中要打破的东西，或者说是在创新发生之后必然被毁灭的东西，因此就不难理解，在既有的确定性中总是包含着对创新的阻力或障碍。

再来看方法。一般而言，方法可以被视为有效、便捷地达到目的的手段和方式。在认识层面，方法规定了达到真知的规则和程序；在实践领域，方法明确了达至特定目标的途径与工具。方法之所以受到高度重视，原因在于被称之为方法的知识或工具，或者基于对认知过程的规律性研究，或者基于对以往成功实践活动的经验性概括，往往就被人们视为实现某种特定目标的最佳选择。当然，由于任何探索都是一个渐进的过程，将建立在认知过程的规律分析和成功经验的实践智慧之上的方法认定为最佳选择，也是相对而言的。尽管如此，方法仍然体现了某种尽量消除认识或行动过程中的不确定性的努力，反映了能够在较大程度上保证认识或行动成功的“确定性”判断。

既然创新难以预期且包含诸多不确定，而方法却旨在消除不确定，那么，创新方法研究是不是就不可能了呢？这种疑虑是自然的。由于创新的不确定性及在此基础上部分表现出的偶然性，人们往往就认为不存在保证创新必然发生的方法，进而也不可能进行创新方法的研究。然而，实际上，承认创新的不确定性并不意味着必须去否认创新方法以及创新方法研究的可能性。

不错，方法是具有确定性的规律性知识和实践模式的集中体现。然而，不确定性的创新要获得成功，也恰恰取决于如何利用已有的确定的规律性知识和实践

① [美]约瑟夫·熊彼特．经济发展理论——对于利润、资本、信贷、利息和经济周期的考察[M]．何畏，易家详等，译．北京：商务印书馆，1991:94．

② [日]汤川秀树．创造力与直觉——一个物理学家对于东西方的考察[M]．周林东，译．石家庄：河北科学技术出版社，2000:136-137．

模式。在这个方面，不仅存在着大量需要研究的方法问题，也进一步出现了对方法进行创新的可能。用查尔默斯（A.F.Chalmers）的话说，如果我们把科学构想成为一种没有限度的对改进我们知识的探讨，那么，为什么不可能存在我们按照所学到的知识改进方法以及调整和改善标准的余地呢？[①]例如，人们尽管已经认识到不存在必然保证获得新知识的逻辑方法，但这并不妨碍对科学研究中的实验方法、思维方法等进行卓有成效的研究，因为这些方法对高效、快捷地获取形成新知识所必需的事实，梳理已有知识体系及其问题，并最大限度地降低形成新知识过程中的不确定性具有重要的意义。[②]与此同时，也只有在深刻研究并理解既有方法的基础上，才能根据新的情况寻求方法自身新的突破。毕竟，方法创新是产生科学创新的关键因素之一。

2. 创新方法研究的条件

对创新行为的不确定性与方法的确定性的正确理解，是论证创新方法之可能的前提。而要论证创新方法研究的可能性，还需进一步涉及创新方法研究的整体定位问题。

在不同性质的认识或实践行为中，方法有不同的特点和表现形态，可以划分为“指令性方法”和“启发性方法”两种。指令性方法要求人们必须遵守某种原则，有着较强的规范性。启发性方法并不限制人们应该怎样做，不应该怎样做，也不能保证怎样做就会正确，而是告诉人们，要想达到某个目标，最好是做哪些尝试或试探，怎样做才能提高成功率，或者更快地接近某个目标。

对于科学方法，人们既可以从规范性意义上去理解，也可以从启发式意义上来理解。当以区别科学方法与非科学方法作为主要目标时，比较流行的是从规范性意义上理解。然而，一旦进入真正科学发现或技术发明的实践层面，规范性意义上理解的科学方法是无法自动带来创新的，一味拘泥于此种理解，反而可能导致落后和失败。这时，从启发式意义上来理解的科学方法就是必要的了。

这也就是说，从科学之为创新的特点出发，科学方法论只能作为一种启发性

---

① [英]A.F.查尔默斯．科学究竟是什么[M]．鲁旭东，译．北京：商务印书馆，2007:194.

② 李正风，尹雪慧．创新的不确定性与创新方法研究的可能性[J]．创新方法，2009（1）.

的分析，而不是指令式的机械性规则。科学发现有必然性，但更多是偶然性。科学方法论因此只能是“助成法”而不是“必成法”。“这样必定成功”和“怎么都会成功”都是不合理的目标设定，正确的理解是“这样较易成功”。进而言之，科学方法论并不是为了提供现成的具体方法，更不是设定一套程式化的教条去束缚科学；而是通过强调方法的重要性，提示人们寻求科学研究更好途径的一般原则。

涉及广泛意义上的创新方法，道理更是如此。同样，人们也不能对创新方法研究有什么不恰当的要求。创新方法研究的目的不是寻找一劳永逸地保证创新必然发生的规则，而是要发现促进创新的途径和方式，启发人们自觉地去创造更巧妙的方法。毕竟谁都承认，很难找出一个公式，可以一举使人的大脑变聪明并在短时间内实现创新。但如果人们起码了解了避免失败的思维方式，或者能够给新的创新以更多帮助、支持的指导，那么是可以取得真正的改进的。

基于对创新方法研究定位的这种明确认识，本书主张用“助发现”作为创新方法研究本身的方法论指导。也只有以“助发现”思想为指导，才有进行创新方法研究的可能。这里，指出了创新方法研究的可能性条件，也就指出了使创新方法研究成为现实的可能性。其后，找到一种能够体现与贯彻“助发现”思想的具体研究方式，便成为创新方法研究最重要的任务。

关于创新方法研究的方式，这里与在认识论层面上重构科学研究之逻辑过程的传统科学方法论起码是不相同的。当然，这不仅仅是由于创新方法研究具备一种实用的和直接指向行动的目标，而那些常识意义上规范方法的阐述不足以形成一项创新方法研究去完成的任务；更重要的原因是，试图建构一种完全确定的、机械的甚至逻辑演算的创新方法体系本身就是不可能的，创新方法更多只是间接的、扶助的和启发式的帮助，而不能是直接的操作，所以它必须悬置逻辑的追求，即从本质上看，创新方法研究就只能走经验研究的，而不是逻辑研究的道路。

所谓“操千曲而后晓音，观千剑而后识器”（南朝人刘勰《文心雕龙》）。的确，考察创新方法这类恒定但不确定的东西，只能通过体现其精旨的范例来实现。通过再现那些极具典型性和代表性的创新方法范例，使科学创新过程中最生动的方法论部分体现出来，以提供一种“后见之明”。即便它对于从事创新并没有直接的帮助，但倘若人们想到这种知识就会像一种他们几乎想象不出的对某事物的启示，那便是有意义的。在此研究的基础上，再把方法视为形成中的东西，追溯从过去经过当下再到将来的发展，便能收获最有益的关于创新方法的规律性知识，终而达至创新方法研究的初衷。

二、创新方法研究之所是

像很多庞大而又有风险的问题一样，创新问题目前也正面临着由学术传播而导致的概念模糊，探索时日愈久，这种命运愈加难以改变。因此，首要的目的和任务之一，就是要认识对象、澄清概念，否则就不能对研究对象进行中肯的分析。基于此，下面宜先就何谓创新方法、何谓创新方法研究等概念问题作细致分解。

1. “创新方法”是一种活动

无论于发表物，还是平常的讨论，人们对“创新方法”这个四字词汇的解读都莫衷一是，用法更是五花八门。基于使用中的混乱情形，这里主要提出并解决一个问题，即“创新方法”应该是一种指称、还是一种活动？理由何在？

对“创新方法”作语法的分析，它可以是个偏正短语，也可以是动宾短语。所谓偏正短语，是由修饰语和中心语组成、结构成分之间有修饰与被修饰关系的短语。具体到“创新方法”一词，“创新”用作定语来限制说明“方法”，即从性质方面圈定了“方法”的范围，可替换为“创新的方法”，意即能够促进创新发生的各种可能的方法。而如果把“创新方法”当做动宾短语，“创新”就是特定的行为动作，“方法”受这一动作的支配，“创新方法”就是“方法的创新”，即对原有方法的突破，着力点在于变革方法、用新方法代替原有方法的过程。

这么来看，作偏正短语理解的“创新方法”重在指称，而作动宾短语理解的“创新方法”意在活动。正如读者将在本书中领会到的，著者于行文中侧重于将“创新方法”当做动宾短语来使用，作这种取舍，自然是有它的理由。

“创新方法”作为指称，在科学哲学的视域下，实际上与科学方法本质一致。科学本身就意味着创新，科学方法当然也是创新方法。这样一来，“创新方法”作为科学哲学一个特定范畴的存在，其必要性就成了问题。

或许有人说，科学方法的内涵随着科学的发展而逐步扩充，如今从事科学探究，科学思维、科学工具与具体的研究方法都成了不可或缺的方面，这就使得“科学方法”概念的使用进一步泛化，有宽有窄。这种情况下，如果考虑用“创新方法”来指代上述所有的方面，“科学方法”单独用来指代具体、规范的方式、方法和程序，莫不是一种明晰概念指称、规范概念边界的好办法。对此，应该说，启用“创新方法”概念，使得科学方法成为与科学思维、科学工具并列使用的专属概念，从而使科学探究方式的具体内容呈现得更加明晰，的确是个不错的思路。但是这里的“创新方法”概念，作为活动还是要比作为指称来得更加合适。

正如人们所见，科学事业愈向前推进，科学方法多元化的发展格局就愈清晰。不但每个科学家在研究方式上有自己的风格、习惯和特点，不同的学科有各自专属的研究方法，还有一些体现个人的创造性才能的重要情况也逐渐被纳入方法的范畴之内。这样看来，且不说科学探究过程中出现的具体而历史的方法不胜枚举，即使做某种指南式的索引，也都不可能。从这个角度而言，创新方法的指称功能是无法精确实现的。

另外，在方法论研究的意义上，“创新方法”作为指称也是略欠妥当的。作为科学哲学的一部分，科学方法论的研究并不能等同于论科学方法，更不是科学方法的汇总，否则就会沦为具体的和技术性的东西而失去哲学含义。基于这样一种基本看法，“创新方法”作为科学方法论的一个重要范畴，应该是对方法发展新特点的反思与概括，应该能够体现科学方法论研究的实质与内涵。考虑到随着科学的进展，新方法一直在不断地创造出来，从刀耕火种到电子信息时代，方法既存在于历史过程中，又能够不断地展示新维度、新层面。就此而言，将“创新方法”看成是一种活动，不仅意味着方法本身能够向下兼容，逐步汇入科学探究的历史图谱，更表明了方法是可以在“新”字上做文章的，为科学探究呈现出向上发展的空间。相较之下，指称意义上的“创新方法”，并不能体现出方法发展的动态性。

根据上述解析，本书也便有了这样的出发点：在整体或者系统的意义上，并不存在创新方法这样的东西，而这却是一本关于创新方法的书，因为我们对创新方法这个概念的使用是基于其活动意义、而不是指称意义之上的。它既是方法，又非方法，是方法之方法。

2. 方法论研究的新趋向

图1-1 约瑟夫·熊彼特

如所周知，本来意义上的创新概念并不属于科学哲学的范畴。作为科学概念的创新（innovation）源于经济学，由约瑟夫·熊彼特（J.A.Schumpeter）在其技术创新理论中给出。尽管熊彼特认为新的生产方法不需要建立在科学新发现的基础之上，但后来随着科学与技术、生产之间联系性质的变化，科学发现作为技术创新的源头也相应地成为经济发展的内生变量，创新概念的内涵也在不知不觉中扩展开来。

尽管如此，创新却一直未能作为一个独立的科学认识论和方法论范畴正式进入到科学哲学的视野之下。这是由于在科学哲学传统论域中，“发现”与“创新”的关系问题一直无法得到明确和澄清，而在科学发现尚不能被视为创新的情况下，创新就不能作为独立范畴进入到科学哲学的视野当中。

然而，就其内在的意义而言，西方科学方法论从“发现”到“创新”的理路转变其实已经完成。20世纪50年代末，伴随着科学发现问题的重铸，西方科学方法论视域下的创新研究在其实质的意义上已经初步展开，因为此时科学发现论题的含义已经远远超越了传统上关于科学发现的理解。依照传统观点，理论始终存在于可观察的对象之中，科学家“发现”它，就像哥伦布发现美洲一样，科学家不是发明家，他用感官看见可观察的现象，而用“思想之眼”洞见到理论。① 这也就是说，发现过程中主体的概念运用和方法制定，只是基于一种自由选择，仅仅具有工具论的意义。就此而言，传统意义上的发现与指称“主体创造出前所未有的新事物”的创新根本无法等同。

从20世纪20～30年代起，人类开始步入以物理学革命为标志的现代科学阶段，而理论离经验越远，其“自由创造”的倾向也越明显。正是在这种背景下，

① 陈广仁. 科学创新的涵义[J]. 西北师大学报（社会科学版），2003（3）.

爱因斯坦（Albert Einstein）关于“科学发现没有逻辑通道”的观点越来越受到重视。在爱因斯坦看来，不仅科学概念是人类思想的自由创造，科学理论中思维推理的程度比科学概念还要更高。他指出，尽管科学理论理应描述一个潜在而客观的实在世界，但它们实际上一如小说的创作，是在某种事实基础上的人类大脑构造之物。[①] 如此，当把发现定性为创立对象的概念体系（假说、原理、理论等），发现的新颖性正是体现在它是发现者创造出来的、前所未有的新知识时，创新乃是发现的环节。这样，就可以把在20世纪中后期一度成为科学哲学研究热点的科学发现研究作为新型的创新研究，汉森（N.R.Hanson）、库恩（Thomas Kuhn）、图尔敏（Stephen Toulmin）、费耶阿本德（Paul Feyerabend）等人都在不同程度上涉足于此。最终，在1979年美国雷诺城召开的会议上，一些有着共同志趣的哲学家打出了“发现之友”（friends of discovery）的旗号，对科学发现问题达成了明确共识：科学发现不仅是发现某种新的科学事实，而且还包括发现者通过自由的心理活动和独特的实践，提出新的观念、概念、规律、理论以及方法论程序的过程。沿着这一认识深入探索，便可得到发现的本质是创新的结论。

如果说科学方法论内在理路的上述转变将处于传统科学方法论边缘的创新问题推向了方法论舞台的中心，从而为创新名目下方法论进路的展开奠定了基础，那么，科学方法论自身发展所面临的重构危机，对建构新形态的创新方法研究则形成了迫切的需要。正如人们所看到的，科学方法论在整个20世纪的发展使其最终走向了自己的反面，完成了对自身的否定。“卡尔纳普提出证实原则，波普提出证伪原则，拉卡托斯的理论实际说明了无论经验证实还是经验证伪都很困难，库恩的范式理论走向了约定论，费耶阿本德更是提出了‘怎么都行’的无政府主义方法论。”[②] 其结果，科学作为理性知识唯一形式的传统形象，已经变成了当前与其他领域一样，只是理性或非理性文化的一种形式的时髦形象。在这之后，后哲学文化强调科学、艺术、哲学和政治的彼此平等，社会学家也制造了方法论的社会学解释模式，特别是急速扩张的科学知识社会学，以其与辩护主义方法论迥然不同的研究构架及其否定性的批判立场，使得今天西方科学方法论中的大多数观点对客观真理持怀疑或否定态度，从而陷入方法和非理性这两个极端的选择

① 李创同. 科学哲学思想的流变——历史上的科学哲学思想家[M]. 北京：高等教育出版社，2006:251.

② 刘永谋. 科学哲学·认识论·知识论[G]//刘大椿，陈光. 科技哲人2007. 成都：西南交通大学出版社，2007:94.

当中。

可以认为，正是这种介于方法与非理性之间的困境，将科学方法论推向了重构自身的历史前台。应该说，新的科学哲学家、认知理论家以及科学知识社会学家对科学方法论逻辑解释模式的许多批评都是正确的，然而，心理学乃至社会学的分析却终究不能取代认识论的分析。换言之，科学认识的本质、科学认识的真理性源泉，决不能还原为科学主体的主观抉择。因此，这个时候“在方法论规则起作用的领域和非理性起作用的领域之间，构想出任何中间立场——至少是任何理性的中间立场”[①]就成为方法论所要努力的方向。

到这里，一种能够对方法与非理性困境作出中正理解的研究范式就成为当下方法论发展的需要，创新方法研究恰恰具备这样一种资格。因为它首先承认科学作为真理问题的首要之点是强调客观实在在科学认识中的重要性——在导致科学探究成功的众多理由中，其中一个必定是有这样的事实的存在。同时它又在更为深刻的意义上对科学合理性的传统标准进行了修正与扩展，从而最终把科学的创造性乃至建构性与科学的合理性重新统一起来。

综而观之，随着科学哲学更多地突出了主体创造性在科学发现中的地位，科学社会学和认知心理学更加强调社会因素与心理因素的意义，科学知识社会学甚至对产生科学知识的理性基础与客观性前提提出了实质性质疑，科学方法论也开始迈向一个新的研究阶段。创新方法研究，因其一改传统方法论在基础主义意义上为科学事业建立唯一合法的标准化方法之构想，转而倡导方法多元，强调方法之创造本质、操作个性与社会品格而构成了当前方法论新的研究基点。

3. 创新方法研究的任务

创新、创新方法，人类早已有之。但创新成为整个时代的显著特征，创新方法成为整个时代的哲学与方法论思想，是在科技进步日新月异的今天。那么，作为科学哲学与方法论研究新的基点和新的阶段，创新方法研究的总体任务是什么呢？

以科学方法为对象处理科学探究的原则和技巧的研究领域是为科学方法论。

---

① [意]马尔切洛·佩拉．科学之话语[M]．成素梅，李洪强，译．上海：上海科技教育出版社，2006:5.

在这个基础性的意义上，本书的目的也正在于寻求获得科学进步的道路与适当方式。然而，由于辐射从知识传统到当代科学的整个历史界面，这一工作并非是件易事。不言而喻，如果将精力局限于方法梳理的层面，其结果也不过是在已经发表的冗词赘语里做些重复添加的工作。并且在上文中，我们已经排除了“创新方法”这一语词作为指称的合理性，并把它视为某种活动的存在。这种解读本身就已表明，创新方法研究起码不能是对促进创新发生的各种可能方法的探寻与罗列。

实际上，不去局限于提供具体方法，本是创新方法研究的应有之义。由于过去的科学认识进程往往以固定的信念为根据，把方法看做是不可改变，所以科学方法论的研究才有了实证性的特征和程序化的形态。然而在当下，人们却必须小心地作出认定，那就是，科学中尽管的确存在着一些方法和标准，但它们是可变化的，甚至会越变越好。如人所见，由于科学探究领域的不断进深与扩大，人类所担负的认识世界的任务也愈加复杂，要稳稳地踏上知识历史这一阶梯的最高几级变得越来越困难，方法势必需要不断地创新、超越以往地创新，才能满足人类对可能性的探求。一言蔽之，方法的生成形态已经随着科学语境的变迁而发生了重大改变。

相应地，也应将创新方法这样一个研究主题的任务与以往科学方法的研究区分开来。自19世纪末传统的认识论被科学方法论代替后，就长期保持了辩护主义的基调。由于方法与科学之间关系的紧密和径直，许多人甚至在一定程度上把科学等价于方法，认为使一种研究成为科学的那种东西，不是这种研究所涉及的事物的本性，而是这种研究用以处理这些事物的方法。如此，不仅科学理论之实证性、合理性和臻美性等特性是科学的实证方法、理性方法和审美方法的自然而然的结果，甚至就连评定科学的标准也可以约化为方法。由于更加侧重科学叙述和评价，而非科学发现或发明，这个时候的科学方法研究，或科学方法论，与其说是启发科学的探究过程，不如说是为了核验关于物理世界的经验猜想而找的合适技巧，是为了选择更为可靠的理论而找的探究工具——它们比其他方法更健全，更有分辨力，也更可能产生可靠的结果。

如果说对任何模式的建构与掌握都是为了最终能够将其超越，那么目前为止，科学方法作为一种体系建构的阶段已然告一段落，需要开始向超越与创新的目标全力进发。换句话说，对那些从亚里士多德（Aristotle）到斯蒂芬·霍金

图1-2 亚里士多德

（Stephen Hawking）的任何一位科学的支持者都认同的常识意义上的普遍方法的阐述，不足以形成一项创新方法研究去完成的任务，而恰恰是它必须放弃的部分。相反，我们的研究“应该集中于科学创造性地解决难题的过程”。“如果我们真的想理解科学创新背后的机制、如果真的想激励科学创新，我们就必须研究以过程为中心的科学创新的途径和模式。”①而这，正是我们所说的创新方法研究。

到今天，科学几乎已经渗透到人类活动的一切领域，科学的本质与其说在于它的对象，毋宁说在于它的方法。正如乔克·梅休斯（Joke Meheus）所说，科学的本质是以可以理解的方法创造性地解决各种难题。因此，提炼如何突破既有方法的重要原则，才是创新方法这一研究最值得尝试的任务。设定这一任务的目的，正是可以帮助更多的从事科学者探明科学由以进步的阶梯，使他们为将来感觉到乐观。他们将学会如何自觉地把握攀登的方向，不至于劳而无功。

三、创新方法研究之所为

时至今日，人们对方法已经说过很多鞭辟入里的话，尤其是关于方法对发挥人的创造性才华的积极作用和方法对科学进步的导向性等方面不乏深刻体会。而今，方法问题的重要性比以往任何时候都更加突出。科学创新的关键在于创新方法，创新方法研究也因此成为形成科学本身各种崭新思想和从源头上提升自主创新能力的重要途径。

1. 启发创新思路

历史地看，科学及其研究方法的发展推动了更具普遍意义的科学方法论的研究。一般而言，多数科学家是能够根据自己从事研究的具体经验体会到方法的重

① Hallyn F. Metaphor and Analogy in the Sciences[M]. Dordrecht：Kluwer Academic Publishers, 2000:20.

要，从而认可、肯定方法研究的意义的。但一直以来，反对方法研究的也不乏人在，并对方法研究之所为颇多微词。

诚然，关注科学方法的一些权威人士大都是职业哲学家，不曾从事过科学研究，所以许多科学家对于他们的方法论理论不感兴趣，不表示欢迎，也是不难理解的。1963年诺贝尔生理学医学奖获得者埃克尔斯（J.C.Eccles）曾不无厌烦地批评说："有大量关于科学方法论以及科学哲学方面的书籍，但它们大多是错误的和误人子弟的。"① 还有人说科学哲学"对科学家是没有帮助作用的，正如鸟类学对于鸟来说不相干一样"②。他们似乎认为，几百年来科学已经大体上对如何研究自然界达成了一种有效的理解。这种理解体现在很好地建立起来的理论和实验程序当中，没有必要得到哲学家的支持或传播。同样的，在实践的层次上，科学家也不需要来自哲学家或其他外行的指点。③ 对这类意见，应该说认识到下面一点非常重要："科学家关于方法论的实践知识是隐含的，不是明晰的，与精通方法论相比，他们更精通如何研究。方法论的哲学描述至少具有明晰性的优势，这件事情也许恰好对职业科学家是有价值的，但是，对于需要理解和鉴赏科学家在做什么的非科学家来说，肯定是很重要的。"④

还有一些科学家主张，根本不存在科学方法这类的事情，或者说，他们强调科学研究方法的自由，认为有多少的科学家，就有多少种科学方法，而既然科学中并不存在共同的一般方法，故此没有研究科学方法论的必要。例如1960年诺贝尔生理学医学奖获得者梅达沃（P.B.Medawar）曾对方法论问题表示担忧，"有什么样的探索研究方法，对原子、对恒星、对基因，同样都能有效地发挥作用？"他进而说道，"即使假定这种方法论可靠，我依然非常怀疑，基于物理学和生物学家智力劳动的实践所得出的方法论，对社会学家会有什么大的用处。"⑤ 同样是诺贝尔奖得主的美国实验物理学家、操作主义的代表人物布里奇

① 杨建邺．傲慢与偏见——诺贝尔奖获奖者的误区[M]．武汉：武汉出版社，2000:1-2.

② [美]苏珊·哈克．理性地捍卫科学——在科学主义与犬儒主义之间[M]．曾国屏，袁航等，译．北京：中国人民大学出版社，2008:6.

③ [英]W.H.牛顿一史密斯．科学哲学指南[M]．成素梅，殷杰，译．上海：上海科技教育出版社，2006:519.

④ [英]W.H.牛顿一史密斯．科学哲学指南[M]．成素梅，殷杰，译．上海：上海科技教育出版社，2006:519-520.

⑤ [美]修·高奇．科学方法实践[M]．王义豹，译．北京：清华大学出版社，2005:3.

曼（P.W.Bridgman），也认为关于科学方法有许多过分的宣传。他说，“科学方法是从事科学研究的科学家之所行，而非其他人甚至科学家自身之所言……有多少科学家，就有多少科学方法”[①]。道尔顿（John Dalton）则总结性地指出：“许多著名的物理学家、化学家和数学家都质疑，是否有所有探究者能够或应该遵守的可再制的方法。在他们的研究中可看到他们采取不同的，且经常是不可确定的步骤来发现与解决问题。”[②]

对此应当承认，科学创新的确是一种高度复杂、难以捉摸的智力活动，在不同的学科领域或者解决不同的问题时，确实可试探使用不同的方法。每位科学家在方法的运用上也会有自己的风格和习惯，也从来没有哪一位科学家因为掌握了某种万无一失的科学方法而所向披靡。正如钱学森所言，“科学研究方法论要是真成了一门死学问，一门严格的科学，一门先生讲学生听的学问，那大科学家也就可以成批培养，诺贝尔奖金也就不稀罕了。”[③]但即便如此，人们也应看到，在个别人、个别学派、个别学科具体的、特殊的研究中还是有一些共通的东西，总结一般的方法论原则则是必要且可能的。这一点，贝弗里奇讲得很妙：“驾驶汽车不必非要技师不可。同样，进行思维和推理也并不需要经过认知心理学（研究思维过程）或哲学的训练。但是，当汽车出了故障，一般的思维过程无法解决问题时，那么，具有机械师的操作知识就有用了。这种知识无须高深。假如他恰好知道机器运转的一般原理，又具备一些对于克服一般困难有用的技术，那就常常会有助于使汽车重新开动起来。”[④]

应该说，任何一门学科，倘若形成不了对一定认知对象的方法论成果，无论如何也难以导向真正的应用之途。作为一种理智的创造活动，科学探索势必要借助方法的运用来进行，也唯有通过方法本身的维护才能得以完成。这正是为什么，科学研究活动一度被归结为科学方法论的探索。而今天，当创新方法研究成为科学方法论研究新的阶段，上述的这些观点即使不能成为支持创新方法研究的理由，但也不是反对创新方法研究的借口。到目前为止，创新方法研究已经不再只是由那些置身于科研之外，又惊叹于科学家如何能从事科研的人所高谈阔论，

---

① [美]布里奇曼．布里奇曼文选[M]．杜丽燕，余灵灵，编．北京：社会科学文献出版社，2009:43-44.

② 丁钢．声音与经验：教育叙事探究[M]．北京：教育科学出版社，2008:90.

③ 杨建邺．傲慢与偏见——诺贝尔奖获奖者的误区[M]．武汉：武汉出版社，2000:1-2.

④ [英]W.I.B.贝弗里奇．发现的种子[M]．金吾伦，李亚东，译．北京：科学出版社，1987:2.

甚至班门弄斧的东西。创新方法研究的目的也不仅仅是为了揭示那些并不深奥的适用于大多数科学家工作的各种一般原则。如果说科学的本质是创造，方法是创造的建构，因此方法是科学的“生命”。那么在某种意义上，创新方法就是科学生命的源泉。或者说，在此前几代科学哲学家的努力下，一般意义上作为对科学认识规律与实践经验之概括和总结的科学方法，大体已经成为了科学的“缺省配置”。创新方法研究是在这样的基础上，担负起了寻求方法自身创新规律的重任，为进一步启发科学创新思路而付出的寻求“生命”之源的努力。至于它的意义，有句经典之语不妨可以用在这里：“在我看来，更重要的是知道我在哪里，而不仅仅是知道我们到了这里；更重要的是知道如果我们正确地引导我们的脚步，我们可以到达哪里，而不仅仅是如果我们继续在现在的道路上前进，我们能够到达哪里。”①

2. 砥砺创新锋芒

为了在科学技术生产和应用的国际分工中保持领先地位，发达国家在不断地规划着新的科技制高点，科技竞争向原始创新阶段的前移已然成为一个引人注目的现实。在这样的情况下，包括中国在内的发展中国家要想获得全面超越的机会，就不能继续满足于纯粹的跟踪模仿，应转而从战略上重视原始创新。加强创新方法的研究和应用，正是从源头上提高自主创新能力的重要举措。

原始创新，意味着在基础研究和战略高技术研究方面作出前人所没有的发现或发明，推出创新成果。没有原始创新，就不可能有集成创新和引进消化吸收再创新，或者说，没有首创创新就谈不上改创创新和仿创创新。反过来，一旦作出原始创新，首创者就不仅有了其他创新活动的基础，还能获得竞争中的主导优势，这“不仅是一开始的垄断地位、独占市场、高额利润、超额收益回报的获得，而且是在随后到来的竞争中的优势地位的确立。现有技术是转让还是维持垄断、进一步的发展是合作还是自主、维持什么样的技术范围等，首创者在所有技术战略的选择上都处于主动地位，而不像跟随者和其他竞争者那么被动。”② 毋

① [美]布里奇曼．布里奇曼文选[M]．杜丽燕，余灵灵，编．北京：社会科学文献出版社，2009:130．

② 任元彪．原始创新动力问题探讨[J]．科学学研究，2007（6）．

庸置疑，原始创新在创新活动中具有相当的逻辑重要性，是科技竞争的制高点。

从根本上说，科技竞争向原始创新阶段的前移是由科学与技术联系的性质决定的。随着科学产业化速度的加快，与经典科学不同质的产业科学作为一种在广泛的意义上被重塑了的新型事业建立起来。产业科学内在地包含着自身的基础性研究和攻关性研究。正如可以注意到的一个现实情况，世界上很多大企业的研发并不十分强调基础和应用的区别，其研究团队甚至往往处于基础研究的前沿，“因为毫无异议，实践问题的解决通常需要新思想和创造性思维，而有时需要研究这些实践问题的基础方面。”[①] 反过来，也只有使研究工作处在基础研究的前沿，才能保证开发始终是系统的、前瞻的和领先的。所以，偶然地、零散地、被动地引进科学技术，不仅不是科学发展的最终出路，也不是经济崛起和国家强盛的理想出路。在曾经最大限度地把外来知识变成本国财富的日本人那里，“综合就是创造”、“转移就是突破”的口号也只能作为那段荣光复兴的岁月里最有力的精神鼓舞，在新的时代它们却再无造就神话的可能。

当然，科技竞争前移的直接原因还在于世界科技发展不平衡的背景下各国之间的相互追赶。20世纪的国际舞台上，美国、日本超越欧洲成为先后崛起的两个科技经济大国。它们正是采取了因势利导的科技创新战略：根据自己的国情国力，最大限度地利用先进科学技术，并随着实力的上升而相应加强“上游”的创新能力，调整创新重点从而实现了科技竞争前移。这些经验显示，在具备一定的经济和科技实力后，应尽快转入自主的原始性创新进程。而这一点，对于正在崛起的中国尤为重要。

中国经济20多年的高速持续增长堪称世界经济的一个奇迹。然而，与发达国家高达50%、甚至80%的技术贡献率相比，我国经济增长中技术进步的贡献率明显偏小。“中国制造”产品在国际市场上的庞大占有率主要基于我们在劳动力、土地资源和环境标准等方面的低成本优势，而非技术优势。在产业技术领域，我国产业发展很多还是沿袭产业技术梯度转移的模式，技术发展也是以跟踪模仿为主，拥有自主知识产权的核心技术自给率偏低，企业技术创新能力严重不足。在科学技术领域，科研项目的安排、关键技术的攻坚也都习惯于重复发达国家的研究思路和技术路径。当前，我国自主创新能力不足的状况及其现实影响越发地突

① [英]W.I.B.贝弗里奇. 发现的种子[M]. 金吾伦，李亚东，译. 北京：科学出版社，1987:104.

出和尖锐起来。代表着基础科学研究水平的诺贝尔奖颁发已逾百年，中国本土科学家却一直榜上无名。国家自然科学奖、国家技术发明奖等国内重大科技奖项也曾经连续几年空缺一等奖。另据统计，中国大陆目前获得的美国专利授权量只占其总量的0.12%，尚不及港台地区的数量（中国香港0.13%，中国台湾3%）。

于此易见，我国科技发展长期采取的跟踪模仿路径不能满足未来长远发展的需要，要跨上新的平台，就要在引进消化吸收和注重技术跟踪的同时，选准目标，积极制定和实施各种基础研究和前沿技术研究战略和计划，努力实现科技发展从以跟踪模仿为主向以自主创新为主的转变。正是在这样一个科技跨越发展的机遇期，自主创新的时代要求使得创新方法作为一个极其紧迫的任务凸显出来。

各国的历史经验表明，掌握创新方法，从而提高创新的效率和速度是后进国家提升自主创新能力、实现科技跨越式发展的捷径。今天，当中国作为一个发展中国家即将以有限实力向创新型国家迈进时，对创新方法问题的研究必然具有基础性、根本性和先导性的意义。在温家宝总理对创新方法工作作出的重要批示中，就要求高度重视王大珩、刘东生、叶笃正三位科学家提出的“自主创新，方法先行”、“创新方法是自主创新的根本之源”等重要观点。

“方法先行”的判断，是从科学史中总结出来的。纵观世界科技的发展历史，任何一次重大发现和重大理论突破，都必须有科学方法的引导，都离不开科学家独创性方法的应用，方法作为基本要素有力地推动了科学的发展。如今随着科学发展的深化与复杂化，指引人们由已知到未知的途径更加错综复杂，这就对科学方法的创新提出了新的更高的要求。

然而从当下的现实来看，我国对创新方法工作的重视仍然不够，还存在着许多与当代科技发展态势和自主创新战略不相适应的根本性问题。比如对创新方法的系统总结和专门研究就是我们一向忽视的工作。根据相关资料的分析，创新方法研究的缺乏具体体现在几个方面：其一，国内大多数专业学术期刊很少发表关于本领域科学思想与方法的理论性论文；相比之下，像世界著名杂志《自然》和《科学》却非常重视刊登这类文章。其二，国内大多数专业教科书没有对本学科领域的思想方法发展及其演变进行系统的介绍，也很少有人从认识论和方法论的角度对本学科的科学方法展开讨论。其三，我国科学方法的研究游离在科学研究实践之外，与科学研究实践严重脱节。研究方法学的大多是社会科学工作者，方法研究和方法应用之间存在着较为严重的脱节现象。其四，在一些课题申请书中，对研究方案、技术路线重视不够，甚至简化为研究步骤，对研究方法的有效性、思路的创新性及其深层意义缺乏思考，这种现象已经严重影响到科研成果的质量。[①] 实际上，对创新方法缺乏足够的关注，将不仅导致科学界研究实践更多沿袭传统方法和模式，还造成了创新思维培育的缺位与创新文化基础的薄弱，从而严重影响到我国自主创新能力和科技发展水平的提升。

① 刘燕华．大力开展创新方法工作，全面提升自主创新能力[N]．科技日报，2007-05-29.

第二章
创新方法的意涵

科学方法，只要是作为一种方法，就是人类尽其智慧的最大努力去冲破一切阻拦。

——布里奇曼：《智力的前景》

一、科学创新的方法意涵和基本维度

1. 科学研究的方法意涵

对于科学研究，方法须臾不可或缺。从过去的科学进展来看，科学方法形形色色，有普遍也有特殊，有一般也有具体，凡有助于正确进行科学研究的理论、规则、途径、程序和手段，都可归入其中。但大致上，科学方法总不外乎于两大基本的部类或三个基本的层面，下为详述。

首先，科学方法是认识的方法。因此，科学方法的问题很大一部分是大脑在科学研究过程中如何思维的问题。

作为研究者认识和反映对象的过程，科学研究必然遵循着认识过程的一般规律。认识是一种反映，由人脑在同外部世界相互作用的过程中发展出来的。这种相互作用的过程也是信息的传递过程。人脑和外部世界存在着相互作用和信息传递，就必然存在着作用和传递的方法和方式。因此作为认识方法的科学方法首先就是研究者以何种方式作用于研究对象，同时又以何种方式接受对象的作用和信息。

人脑对各种外来的刺激和信息进行着加工、组合和储存，并且形成主观映像。作为这种主观映像的高级形式，思维过程就是人脑对感觉、知觉、表象等感性认识材料进行加工并形成概念、判断、推理的过程。这里同样存在着思维加工的方式和方法问题。因此作为认识方法的科学方法也就是人脑进行思维运动的规律和方法，要回答概念、判断怎样形成，推理怎样进行，理论怎样发展等问题。

思维加工的形式和方法是思维过程中所使用的概念、判断、推理等基本的思维形式以及归纳和演绎、分析和综合、抽象和具体、类比和假设等基本的逻辑方法。这些形式和方法是神经元对信号的叠加和变换、神经联系的建立和中断、组合和分化这种高级神经生理过程最直接的思维表现，是人脑对经验材料和各种半成品进行加工，从思维和理论上把握客观对象的基本形式和方法。与此同时，这些形式和方法还是组成更为复杂的思维形式和方法的要素和成分。它们在思维过程中不同的结合以及彼此在这种结合中所占有的不同地位就形成了具有不同特点的科学研究方法。

当然，思维加工的基本形式和方法也不是一成不变的，如果说存在着我们现在还毫无所知的思维规律也不足为奇。思维加工的形式和方法也会发展和演变，它们或者在原有形式中概括了新内容，或者在原有形式基础上形成了新形式，显示出新的认识作用。但无论如何，没有思维，就没有科学。科学方法中最重要的是思维方法，科学能力中最重要的是思维的能力。作为科学家的一种重要的能力特征，思维是其进行科学研究的有力武器。

其次，科学方法是变革的方法。在变革对象的意义上，科学方法的问题有一部分是属于如何使用一定的物质手段变革和观测对象的问题。

科学工具是科学方法的要素之一。正如生产工具作为社会生产力发展水平的物质标志，制约着人们从事物质生产的方式一样，科学工具在某种意义上也是科学研究水平的物质标志，在一定程度上制约着人们的科研方式。

作为具有机械、物理、化学等性能和作用的物质工具，科学仪器的变化和发展不断改变着人们获得经验材料以及对经验材料进行思维加工的方式。在科学发展之初，没有多少科学工具借以辅助的时候，人们只能对自然界进行朴素直观的探察。即便有一些实验工具，也只是作为实验过程的外在因素，主要用于观测和计量，比如最初的光学望远镜、显微镜等等。而后来，随着射电望远镜、电子显微镜、高能加速器和探测器等科学仪器的出现，过去那种纯感性直观的观测在很大程度上就被分析和计算的过程代替了。由于这些仪器同各种物理的、化学的、电磁的变化紧密结合，人们所直接观测到的是宇观或微观客体在实验仪器上显示的各种效应，而只有通过对这些效应进行分析和计算之后，才能“看到”所要观测的客体。①

与此同时，随着现代工业和技术的发展，科学工具也告别了过去手工工具和简单机械工具的时代，发展成为由现代化仪器设备组成的庞大操作系统。科学工具改变了科学研究的组织形式和工作样态，对科学研究的方式和方法产生了显著的影响。电子计算机就是一个典型的例子。凭借着高速运算与部分的“思维”功能，计算机解放了大脑先前所从事的大量简单思维活动，使人不必困于纸、笔和对仪器的监视与观测之中，从而可以进一步发挥人脑作为思维器官的功能。毫不夸张地说，计算机对于科研方式和方法的影响超过了以往的任何科学工具。

大致而言，人们在实践中获得某种认识，这种认识在一定条件下物化为工具。这种物化的工具又制约和影响着人们进行科学研究的方式和方法，并推动新成果的获得。而新成果又物化为新的工具，如此不断循环推动着科学的进步。

最后，在认识与变革的共同意义上，科学方法的问题还包括应该采取怎样的理论方法和程序步骤来科学地把握科学对象。

方法是规律的应用。人们的活动要实现预期目的，必须按规律运作，既包括活动对象的规律，也包括这种活动的规律。由此而论，科学的研究方法便是自然界发展规律和科学认识活动规律的应用。其中，科学理论是自然界发展规律的反映，而科学认识活动规律则由科学的操作程序或实施步骤体现出来。因此，科学方法在这一部分就涉及两个主要的方面，一是作为过去研究活动的理论结果而形成的方法，二是科学研究的操作程序和实施步骤。

成功的科学理论既是对自然界的成功解释，也是研究自然的一种方法。科学理论都具有方法的功能。成功的科学研究成果的理论知识，在新的科学研究过程中完全可以起到方法的作用，影响并制约着科学认识与变革的水平和方式。具体而言，人们应用科学理论来探索未知事物，首先可以获得科学研究的高起点；其次，作为科学研究过程的理论基础和知识背景，理论工具又决定着对经验材料进行思维加工的水平和形式。

至于第二个方面，在科研程序步骤的意义上，科学方法与科学思维、科学仪

① 柳树滋，邢润川．现代物理学的革命和两条哲学路线的斗争[M]．北京：人民出版社，1977:46-47.

器有很大的区别。就标准化程度而言，科学方法介于科学思维与科学仪器二者之间。仪器是高度标准化的装置，方法具有一定的非标准性，但又不及思维的主观性程度。与此相对应，就能动性发挥而言，思维的特征是艺术性，运用者能动性的发挥较大；而仪器的特征是机械性，使用者能动性的发挥相对较小。方法仍介于思维和仪器之间，其应用要求灵活、机智，但也带有某种严格意义上的规范性与程序性。

以上，全面归结起来，科学研究活动的方法内涵是由作为认知要素的科学思维、作为程序要素的科学方法以及作为技术要素的科学工具这三个层面构成。不同层面的方法尽管在内容和形式上有着不同的表现，但就认识论功能来说，都是解决科学研究的途径或道路问题。当然，由于方法本身的开放性及其随科学推进而必然表现出的历史性，学界在不同时期对科学研究的方法意义和内涵也有着不同的看法和认定，这都是可以理解的。这里关于三个层面的分类，大半也是出于叙述上的方便，在实际的科学研究过程中，其运用往往也不是可以截然而分的，各种内涵实则“枝枝相覆盖，叶叶相交通”。无论如何，正是由各种各类方法形成的有机的方法系统，共同影响甚至部分决定着科学的历史进展。

图2–1 创新方法研究会成立大会于2008年11月在北京召开

2. 创新方法的三个基本维度

从过去的科学进展来看，一切旧式的方法都局限于对自然状态的物质世界的宏大呈现，进入现代以来，科学方法则从改组自然物的作用关系、作用方式出发考察自然界的各种可能。如今，当诸多巨大的发现使得科学家能够多少透过现象深入内层并把无知与黑暗的界限推得远一些的时候，可以认为，人类已经到达了秘密的核心。于是，不仅所有的方法应被无偏见地对待，人类还要尽最大可能地推进各类方法自身的创新。也只有创新方法，才能为更加前所未闻和难以想象的发现开辟道路。

大致而言，创新方法是对科学思维、科学方法和科学工具这三个层面的创新。作为科学创新方法的基本内核，三者之间相互有别，交叉支撑。思维创新是创新的起点和灵魂，没有思维创新，一切创新都无从谈起。方法创新是承上启下的创新中坚。它既是思维创新的理论化结果，又肩负着指引科学工具创新方向的重任。工具创新是思维创新与方法创新的综合效应与物质实现。

首先，一切创新的根本在于思维创新，彼得·德鲁克（P.F.Drucker）曾说“创新开始于一个思想”[①]。在促进科学发展的众多才能当中，使那些科学历史中的英雄作出令人惊奇的理论飞跃的和非凡的智识创造力的才能也首先出现在思维之中。

不用说，思维创新是创新方法中最重要的环节，但又是难度最大的环节。如果说近代以来的科学家兼有工匠与哲学家的传统禀性，那么20世纪后期以来的科学家则更多地认为，科学创造活动不仅不应该偏向经验事实，还应该远离理性和逻辑，转而强调思维的综合性、动态性、多维性、开放性和创造性。随着对科学创造机制探索的深入，隐匿在主体背后的心理和社会基础如今被广泛地揭示出来。于是，那些具有变易性和启发性的创造性思维方式，如想象、直觉、灵感和顿悟等所谓“科学研究的艺术方面”，与规范性和定向性的逻辑思维一道，共同构成了创新思维的完整智力品质。

这些重要变化体现于眼下的方法论研究中，即是对非理性主义、直觉创造、科幻神话乃至科学虚构等后现代思维的高扬。这当然不是说人类直到今天才懂得思维创造。只是到了这个时候人们才得以站在方法论的高度，将建立在单纯的直观和本能地适应自然的基础上的思维，从长期被理性压制和束缚的状态下解放出来。同样，这也不是说可以用思维的创造品性去否认思维的理性与逻辑内涵，只是“我们前面赞美过日神阿波罗，现在该轮到酒神巴克斯了”[②]。作为传统理性思维的补充，创造性思维的意义在于提供了人类思维的多元向度，突出了人类思维中长期被遮蔽的另一面。无论如何，思维创新如今已经成了科学创新最为倚重的方法和目标，也是迄今为止人类具有最高价值的科学创新路径。

---

① 金吾伦．感悟科学——科学哲学探询[M]．长沙：湖南人民出版社，2007:195．

② [英]迈克尔·马尔凯．科学社会学理论与方法[M]．林聚任等，译．北京：商务印书馆，2006:68．

其次，方法创新是承上启下的创新中坚。它既是思维创新的理论化结果，又肩负着指引科学工具创新方向的重任。一切科学探索说到底都是方法和规则的探索。在科学实践的过程中，无论是思维层面，还是使用工具的科学实验，都需要一定的操作能力，即按照一定的规则、程序和技术要求进行活动。毕竟，“有经验证据的技术性规范是适当的和可靠的，它是维护真实预言的先决条件；逻辑上一致的技术性规范也是做出系统化和有效地预测的先决条件。”①

然而，从批判分析的视角看，程式化和还原论一旦遁入绝对化的命运，就会使方法失去其之为方法的根据。故此，把握程式化与随意性的张力，体现还原论与整体论的结合，从而使科学方法在具体的科学实践中获得不断的改变与创新，无疑是科学成长的生命力所在。

最后，工具创新是思维创新与方法创新的综合效应与物质实现。正如任何人类所创造的工具一样，科学工具已经不是纯粹的自然物。它作为一种物化的智力，凝结着人类对客观世界认识的成果。从手工工具到机械工具，从人工操作的机器到自动化的仪器设备，科学发展的不同阶段上人类所拥有的科学工具记录和反映的不是别的，正是人类知识和智力的发展历史。不仅科学工具中凝结着思维活动的因素和成分；应用科学工具变革研究对象的科学实验，即使作为一种物质活动过程，其设计与安排也体现着思维活动的方法与研究问题的方式，物化着人们变革和观测研究对象的设想和方案。从这个意义上说，科学工具及以其为基础的科学实验，都是科学思维与科学方法的物化形式。也正是由于包含了科学思维与科学方法的因素和成分，科学工具才得以成为创新方法的构成要素，成为科学方法论的研究对象。

以历史的视角看来，在科学的幼年，人类更多地依赖智识的力量来完成科学发现的任务；科学成熟后，从宇宙世界到基本粒子、从生命起源到人类自我认识，几乎每一步的艰苦进展都由新工具驱动。亦不难得见，科学从幼年成长至今，计算、观察、实验、理论这些用以认识世界的基本方法从未改变。然而，借助于科学工具的不断创新，人类观测与变革自然界的力量已不可同日而语。如今，一流的科学研究往往离不开一流的科学仪器，科学工具的自主创新也就有着超乎寻常的意义。

---

① [美]罗伯特·K·默顿．社会研究与社会政策[M]．林聚任等，译．北京：生活·读书·新知三联书店，2001:6.

二、观念超越之维：思维创新

创新的根本在于思维创新。思维创新是各方面、各领域创新的基础。换言之，无论哪种意义上的创新，都源出于思维创新。随着创新成为时代的重大课题，思维创新也成为近些年学术界密切关注和深入探讨的论题。这其中，包括从逻辑和思维方法的层面对思维创新本质特征的全面揭示，也涉及对思维创新运作过程和内在机制的深入发掘。

1. 思维创新与观念的超越

思维创新是一种能力品质。目前尽管还没有一个完全一致的确切定义，但普遍认为它具有独特性、潜在性、灵活性、突发性、求异性、敏锐性、综合性、跳跃性等大致相同的特点。将这些代表了思维创新特点的一般属性集中起来就会发现，思维创新最深层的奥秘、最深刻的本质就在于它的超越性，即其在解决问题时打破背景的能力。

人的思维活动是在思维结构的基础上进行的。在长期实践过程中，人们把获得的知识、经验、观念和方法沉积在头脑中，逐步建立起一定的思维结构。运用它，对进入大脑的信息材料进行评价、选择、解释、组合等方面的加工处理，就构成了人的思维过程。由于思维结构具有相对稳定性，它对人的思维就会产生双重的作用。一方面，它可以帮助人们凭借既有经验和惯常思路驾轻就熟地解决日常性问题；另一方面，一旦形成某种思维定势，则妨碍和制约人们解决那些超出既有经验和认识范围的非常规性问题。因此，按照已有的思维结构形成的思维定势，是思维创新的主要障碍。

当代认知科学的研究进一步指出，人的思维过程包括同化作用和顺应作用两个方面。前者是思维主体运用现有思维结构去加工处理来自客体的信息，从而产生观念客体或意向对象的过程；后者则是主体调整自己的思维结构，以适应思维对象和产生新的观念客体或意向对象的过程。通常情况下，人们总是倾向于运用思维结构的同化作用，只有在现有思维结构无法同化信息材料的时候，主体才采用顺应方式。从这个意义上说，思维创新又是一种顺应式思维。

就发生机制而言，思维创新既有一般思维的特点，又有不同于一般思维的地方。按照普通心理学的分类，思维主要分为形象思维和抽象思维两种。这两种思维又各自有着具体的思维形式，比如求异与求同思维、直觉与逻辑思维、发散与收敛思维、超常与常规思维、开放与闭合思维等。但是，这些思维类型却都无法涵盖创新思维的基本内容。与再现性思维，也就是惯常思维相对而言的创新思维，强调思维结果所具有的新颖性。因为思维创新不能仅依靠现成的表象或有关情况的描述，而是在它们的基础上运用构思提出新的见解。所以，在说到创新思维时，人们总是倾向于认为它更主要地体现为直觉思维、发散思维、灵感思维或创造性想象。在具体的科学研究过程中，思维创新不仅需要形象思维，也需要抽象思维。它青睐的是一种“带有流动范畴的辩证法”，是思维在逻辑约束下向非逻辑的跨越。

思维创新既需要直觉、灵感等非逻辑形式的思维开拓思路，又需要逻辑思维进行分析加工。思维创新的本质在于突破既定的思维模式，取得创新性的思维成果。所以，它必然要在思维中加入新的要素和新的成分，而这些新思维要素和成分的加入，往往是通过非逻辑思维的方法完成。与此同时，任何思维创新也都不可能违背基本的逻辑规律，都是在逻辑思维的指导下进行。在对思维目标的整体性指引，对关键环节的思维聚焦和对思维结果的评价选择等方面，逻辑思维都起到重要作用。

思维创新还是发散思维与收敛思维的统一。与受一定传统的约束和彰显思维逻辑方面的收敛思维不同，发散思维意指扩张思维的广度，从某一特定的思维原点扩散性地联结思维材料和思维要素，从而实现思维的跃迁，生成创造性的思路和设想。发散思维是思维创新的核心，美国心理学家吉尔福特（J.P.Guilford）有言：“正是在发散思维中，我们才看到了创新思维最明显的标志”[①]。但发散思维所形成的新的思维因素必须经过收敛思维的过程才能真正地成为创新性的思维成果。库恩认为两种思维是“一个钱币的两面”，主张在发散和收敛之间保持“必要的张力”。这是很有道理的。

此外，在更加广泛的意义上，思维创新还是生成与还原、有序与无序、清晰与模糊、实在与虚拟的统一。

---

① 杨雁斌．创新思维法[M]．上海：华东理工大学出版社，2005:189.

为了证实思维创新的活动机制，现代神经生理学家对大脑两半球的认知功能进行了深入的生理学研究。美国康奈尔大学教授卡尔·萨根（Carl Sagan）指出，人类的各种创造性活动有赖于两半球功能的结合：直觉见解在以往的个人体验或进化感受的范畴内是大有所为的，但如果没有必要的逻辑分析和论证，就无法断言通过右半球推断出来的模式是现实的还是虚构的。这也就意味着，如果要开发一个人的创造潜能，应尽可能使左边语言脑和右边形象脑的相互联系活跃起来。也就是使抽象思维与形象思维、逻辑思维与直觉思维、闭合思维与开放思维以及共时的信息与历时的信息处理协调起来。

思维创新是一种超越，是一种产生新观念的思考。一位科学家的一生有无建树，关键在于他有无创新思维和运用创新思维的能力。而在科学观念的超越或者说是概念框架的变更中，高层观念对于基层理论建构的孕育作用，体现了观念超越的基本原理。顾名思义，高层观念存在于具体科学之上的抽象层次，是形成创新的观念母体。在观念创新过程中，它有明确创新目标，确定探索领域和战略，以及寻找探索情境的视野性质。随着科学问题的求解和需要，高层观念可以在认识情境中具体化为创新观念，观念的超越过程从此实现。

作为一种建构思维创新的高层观念模式，识见是主体的知识、经验、技能、思维等的结晶，是相对稳定而有应变能力的整体思维框架。清代学者袁枚形象地说过：学如弓弩，才如箭镞。识以领之，方能中鹄。一般而言，富有创新思维能力的人大都具备远见卓识，正如廷德尔（John Tyndall）所说，知识的高原本已高峻，而我们的发明家则像高原上的山峰，又略微耸峙在当时一般的思想水平之上。在德布罗意（Louis de Broglie）对爱因斯坦的评价中，识见的意义一目了然："他能够一眼看穿那疑难重重、错综复杂的迷宫，领悟到新的、简单的想法，使得他能够揭示出那些问题的真实意义，并且给那黑暗笼罩的领域突然带来清澈和光明。"[①] 识见高低，决定取势大小。它对科学创造总是预设着思维方向和探索方式，若缺乏这种统驭全局的观念模式，思维创新所需要的各种因素的协调和整体化也就不可能实现。

① 李建军．创造发明学导引（第2版）[M]．北京：中国人民大学出版社，2009:96.

2. 思维创新兴起的必要张力

理智的启明与净化了的情感宣泄是创造过程的两个互补的方面，就像尼采所坚持的，阿波罗需要狄俄尼索斯作为自己的补充。阿波罗式的思维，井然有序、平衡和谐并沉着稳健；狄俄尼索斯式的思维，情感强烈，热情奔放，思想活跃。之于科学，非逻辑性的思维、不可言传的知识以及非理智的情感与审美等方面的重要性正以愈发显著的方式呈现出来。只有恰当地处理逻辑与直觉、言传与意会、理智与美感的关系，自觉地激发灵感、让头脑做好充分的准备，才能随时抓住机遇，提出创造性的新构想。

逻辑与直觉

所谓“此中有真意，欲辨已忘言”。直觉现象在生活中随处可见：从艺术鉴赏到人际交往中的直觉洞察，从诊疗、缉捕到军事指挥、政治运筹的直觉决断等。它能使一个音乐爱好者说，“我没听过这一段，但我知道它是莫扎特（Mozart）的作品。”它也能使医生很有把握地诊断某种病，却说不清楚是依据什么。总之，人们常常能够在其特定专业中显示出这种直觉。

先哲们几千年前就开始谈论直觉，但将直觉概念从哲学、美学中提取出来，放到科学创造过程中加以讨论却是20世纪以来的近事。这部分原因是由于直觉多多少少的神秘色彩，总给人一种无甚根据的误解。在不少人那里，“直觉是我们用来表示一切我们不知道怎样加以分析、甚至加以确切命名，或者我们不想加以分析和命名的智力机制的大杂烩”[①]。相比于它，逻辑思维在科学活动中无疑才是最基本的。

概而言之，逻辑思维是按照逻辑规律建立概念和命题之间推理关系的形式化思维，其基本方面不外是概念、判断、推理等思维形式，比较与分类、分析与综合、抽象与概括、归纳与演绎等逻辑方法以及符合于形式逻辑基本规律要求的确定性、无矛盾性、首尾一贯性和论证的根据性。逻辑思维把认识推进到概念化、条理化的理性水平，是训练有素的头脑的特征。爱因斯坦曾宣称，科学家必须是一个严谨的逻辑推理者，“科学家的目的是要得到关于自然界的一个逻辑上前后

---

① 周义澄．科学创造与直觉[M]．北京：人民出版社，1986:4.

一贯的摹写。逻辑之对于他，有如比例和透视规律之对于画家一样”①。

诚然，“任何科学都是应用逻辑”②，但单靠逻辑，实际却是什么也干不成。邦格认为，“光是逻辑是不能够使一个人产生新思想的，正像单凭语法不能激起诗意，单凭和声理论不能产生交响乐一样。”③ 汤川秀树也说，“片面的抽象化趋势缺乏某种对于创造性思维来说是很重要的东西。不管我们从日常生活的世界走开多么远，抽象也不能通过它本身来起作用，而是必须伴之以直觉或想象。”④ 现在看来，科学史上无以胜数的创造实例的确凭靠了直觉的见解而获得成功。甚至从一开始，直觉对于科学和科学史的意义就远超出人们的意料。关于这一点，劳厄（Max von Laue）的话发人深省。他说，新生的科学在开始时是不可能有完备的基础的。它们的创始者的伟大在于，他们以直觉的预感击中了正确的目标。并不过分地说，绝大多数科学发现实际上都是来源于直觉的猜测，否则，我们将不得而知：精密科学中的美在它被人们很好地了解和合理地阐明之前，怎么被认识到？开普勒（Johannes Kepler）发现了行星运动定律，并被它所显示的和谐深深感动：“人们可以追问，灵魂既不参加概念思维，又不可能预先知道和谐关系，它怎么有能力认识外部世界已有的那些关系？……对于这个问题我的看法是，所有纯粹的理念，或如我们所说的和谐的原型，是那些能够领悟它们的人本身固有的。它们不是通过概念过程被接纳，相反，它们产生于一种先天性直觉。”⑤

图2-2　泡利

泡利（Wolfgang Pauli）在一篇文章中所表达的思想可以集中指向直觉的存在：千万不要断言理性认识所建立的东西，是人类理性唯一可能的推测。甚至恰恰相反，创造的实质在于通向它的道路并不是事先知道的。换言之，要从逻辑上预言它是不可能的。英国数学家哈代（G.H.Hardy）的文章《一个数学家的辩护》曾被斯诺

① [美]爱因斯坦．爱因斯坦文集（第1卷）[M]．许良英，范岱年，编译．北京：商务印书馆，1976:304.

② [苏]列宁．哲学笔记[M]．林利等，译校．北京：中共中央党校出版社，1990:224.

③ 周义澄．科学创造与直觉[M]．北京：人民出版社，1986:99.

④ [日]汤川秀树．创造力与直觉——一个物理学家对于东西方的考察[M]．周林东，译．石家庄：河北科学技术出版社，2000:118.

⑤ [美]S.钱德拉塞卡．莎士比亚、牛顿和贝多芬——不同的创造模式[M]．杨建邺，王晓明等，译．长沙：湖南科学技术出版社，1995:76.

（C.P.Snow）赞誉为“对创造性思维最优美和空前绝后的写照”。他还说：“数学家，就像画家或者诗人，是模式的创造者。如果他的模式比画家或者诗人的更为长久，那是因为他的模式是由观念构成的。”① 由此推及科学诸类，在把创造理解为在已有理论和原始数据中发现新的重要的模式的意义上，直觉可看做是创造性思维的基本过程：它“不是由大批必须进行个别解释的元素所组成的，而是一个格式塔。正像一张熟人的脸，不是许多轮廓线、表面和颜色变化，而是一副‘面容’。”②

随着哲学家、心理学家、自然科学和思维科学家在心理学、逻辑学、创造思维学等方面的努力有了结果，笼罩在直觉上那层秘不可言的迷雾最终褪去。如今大概清楚，理智努力的方向，在很大程度上最终取决于通过直觉见解所揭示出的事物本质。这即是说，直觉与逻辑思维存在重要互补。在直觉的创造活动以前，先是每一位科学家都在前人铺就的逻辑大道上行走：通过学习获得丰富的人类知识；接受正统方法教育，主要也是训练逻辑地、系统地思考和工作。一旦逻辑通道阻塞了，产生了悖论或同已知事实和公认理论矛盾时，才会出现直觉的试探。正如邦格所说：“没有漫长而且有耐心的演绎推论，就没有丰富的直觉。”③ 继而，由直觉得到的创新成果要进行逻辑的加工和整理。如果说艺术家尚可直接将其艺术“直觉品”拿出来公布于众，那么，科学家就不能这样做。一是直觉的结果本身只是某种猜测，其正确性应当通过逻辑的验证，从猜测引出逻辑结果，进一步把这些逻辑结果与科学事实相对照，并把它纳入一个完整的理论体系。二是直觉的结果往往只可意会、不能言传，科学却必须言传。严密科学的一个基本特征就是要求研究者将其成果用清晰准确的语言、文字及公式、图形表示出来，而原封不动地把原始的直觉材料呈现于世，即使是可能的，也不会有说服力。

实质上，对科学创造而言，逻辑与直觉是在交错中发生作用的。“通过将逻辑与洞察力非同寻常的结合，经典时代的古希腊发展出了与无理数有关的线段，

---

① [美]弗里曼·J·戴森．太阳、基因组与互联网：科学革命的工具[M]．覃方明，译．北京：生活·读书·新知三联书店，2000:2.

② [德]迪特里希·德尔纳．失败的逻辑——事情因何出错，世间有无妙策[M]．王志刚，译．上海：上海科技教育出版社，1999:37.

③ 周义澄．科学创造与直觉[M]．北京：人民出版社，1986:186-187.

以及两千多年后在物理学中取得了辉煌成就的圆锥曲线。"[①]而从一个较长的尺度看，作为抽象产物的新的直觉，又可以成为进一步抽象的新起点。就像汤川秀树曾深刻指出的那样，"不但某种本质性东西必须从我们丰富的然而多少有点模糊的直觉图像中抽象出来，而且同样真实的是，作为人类抽象能力的成果而建立起来的某一概念也常常在时间的进程中变成我们直觉图像的一部分。从这种新建立起来的直觉中，人们可以继续作出进一步的抽象。"[②]

言传与意会

木匠师傅有好手艺，但即便是手把手地教徒弟，徒弟也不一定能做出一样好的活儿；品酒师能够辨别出不同品类、不同档次的酒，但却难以指认是什么使他作出了正确无误的判断；再有，我国的中医学及其临床应用在很大程度上也是一种"凭经验"；就连人们自己在日常生活中也可能会对某些东西特别有感觉——比如很容易地学会了游泳——但要让你说清这种感觉究竟是什么，你却做不到。所有的这些例子当中，统统蕴含着所谓具有意会性质的一种知识。

在传统的哲学和知识论研究中，德谟克利特（Democritus）曾把模糊的、存在个体差异的、不能清楚表达的知识称作"暧昧的知识"。亚里士多德在把人类知识分为纯粹理性、实践理性和技艺的过程中似乎也意识到了某种不可言传的经验知识的存在。赖尔（Gilbert Ryle）在对"理智主义神话"进行批驳的过程中更进一步，探讨了"知道是何"（know that）与"知道如何"（know how）。然而，直到20世纪中叶随着知识型的现代解构，言传与意会作为知识分类的一组概念才正式确立。以1958年出版的《个人知识》为标志，英籍匈牙利物理化学家和科学哲学家迈克尔·波兰尼把不能通过言语明确表达的个人内部认识活动纳入了知识的范畴，提出了意会知识理论。这被公认为波兰尼在哲学上最具原创性的贡献。他本人也因此而成为对意会知识及意会知识与科学研究进行深入探讨的里程碑式人物。

波兰尼给予意会知识以某种认识论上的优先地位，这引发了人们对意会知识在科学发现中的作用的重视。在他看来，意会知识比言传知识更为基本，人们能

① [美]诺伯特·维纳．发明：激动人心的创新之路[M]．赵乐静，译．上海：上海科学技术出版社，2002:61.

② [日]汤川秀树．创造力与直觉——一个物理学家对于东西方的考察[M]．周林东，译．石家庄：河北科学技术出版社，2000:133.

图2-3 迈克尔·波兰尼

够知道的比他能说出来的东西多得多；言传知识也必须通过意会才能被理解和运用。再者，言传知识虽然可以描述出来，但不能总起作用；相反，意会知识可能很有用。面对要解决的问题，往往是意会知识迸发出巨大的创造性。波兰尼强调，意会知识始终伴随着科学研究活动的整个过程。

首先，通过隐性途径积累的意会能力，在长期的科学实践中逐渐明晰化，是促使科学家发现好问题的重要通道。只有当一个问题是新问题时，科学研究才有新意，但如何才能发现一个问题是有新意的问题呢？或者，当你意识到某一问题的时候你怎么就能知道它是重要的呢？人们不能从书本中得到答案，也不能明确地说出答案。因为真正有意义的科学问题是那些“暗示”着能够获得某种至今未能理解的实在关系的问题。答案只有通过意会的途径——“通过慢慢增加的个人喃喃不清的自言自语和抱怨，通过师徒之间若干年密切合作中所发出的微笑、皱眉和感叹”[①]——来获得。其次，科学发现不能通过明确的推论来获得，只能由思想的意会能力来达到。科学家要想作出发现，就必须在科学研究的过程中形成许多连他自己都不很清楚的技巧，包括“训练有素的眼、耳以及触觉上的精妙”。作为富有启发性的素材库，正是意会知识促使科学家在内隐认知的引导下达到“意会整合”，从“格式塔”式的直觉把握和整体突现中获得新的认知。最后，科学理论的证实或证伪，最终是由科学家基于个人意会知识进行判断。任何科学理论都是对客观世界一种有限的模拟，因此必然在其证实过程中发现“反常”现象。这个时候，将什么样的“反常”悬置起来，在什么时候悬置，很大程度上是依据科学家的基于意会知识上的个人判断。科学家的重大的发现或发明之所以震动世界或失之交臂，一定程度上就有赖于这种个人判断所带来的结果。

总的看来，在任何方面，科学研究都是一项技能性的活动，它依赖于大量非形式化的、部分具有意会性质的知识。[②]当然，以经验化形态附着在个体技能中的意会知识并非无源之水，它具有情境性、开放性。因此，社会交往、人际沟通

① 肖广岭．隐性知识、隐性认识和科学研究[J]．自然辩证法研究，1999（8）．

② 李正风．科学知识生产方式及其演变[M]．北京：清华大学出版社，2006:77．

以及群体的信念认同都是扩展和填充意会能力的重要途径。科学领域中的师徒传授，就是一个传递意会知识的主渠道。“一种无法详细言传的技艺不能通过规定流传下去，因为这样的规定并不存在。它只能通过师傅教徒弟这样的示范方式流传下去”[①]，波兰尼继续解释了师傅在意会知识方面对徒弟的影响，“杰出的研究学派中能培育科学发现最重大的前提。对聪明的学生来说，大师的日常工作便是在向他启示这些重大前提和指导大师研究工作的个人直觉——他们从中学习大师选题的方式、大师如何择优采用某种研究方法、大师对新线索和突如其来的困难如何回应，大师怎样讨论同事的工作、怎样时刻思索千百种也许根本不能实现的可能性——以上种种，诸如此类的日常工作都折射出大师的基本视界。为何伟大的科学家总是出自大师门下，道理即在于此。”[②] 技术领域，情况也大抵相同。技术史家福格森（E.Ferguson）就说过，技术是一种高度依赖视觉的活动，技术知识即使能被表达，在很大程度上也是以视觉形式而非以口述或数学形式进行表达的。[③]

关于增加与大师的接触互动可以有效地获取意会知识、激发科学创新这一点，朱克曼（Harriet Zuckerman）在《科学界的精英》中对杰出科学家之间关系、特别是师徒关系的调查结果给出了有力的佐证。“科学方面的诺贝尔奖金获得者是一群由于才能而不是由于遗传组成的精英。然而在1901至1976年间选中的313位获奖人当中，有相当多的人实际上是互有联系的，少数人通过血统或婚姻联系，更多的人通过联结师与徒的纽带联系。”[④] 她在书中另一处又具体指明，到1972年为止92名美国诺贝尔科学奖获得者中有48名曾经作为老诺贝尔奖获得者的学生、博士后或年轻同事。从言传与意会的角度，科学界超级精英中的这种近亲相传，力证了意会知识的承袭对科学创新有着极为特殊的

图2-4 居里夫妇

① [英]迈克尔·波兰尼．个人知识——迈向后批判哲学[M]．许泽民，译．贵阳：贵州人民出版社，2000:78.

② [英]迈克尔·波兰尼．科学、信仰与社会[M]．王靖华，译．南京：南京大学出版社，2004:46.

③ 赵士英，洪晓楠．显性知识与隐性知识的辩证关系[J]．自然辩证法研究，2001（10）.

④ [美]哈里特·朱克曼．科学界的精英[M]．周叶谦，冯世则，译．北京：商务印书馆，1979:135.

重要性。据调查，未来的诺贝尔奖获得者在学徒期间最重要的一个方面不是从他们的师傅那儿获得实际知识，而是获得“诸如工作标准和思维模式等更大范围的倾向性态度和不能编纂整理的思维和工作方法等隐性知识”[①]。

求真与臻美

从历史上看，在追求和探索过程中的科学不仅仅是理智的，也是深沉的感情的与审美的。毕达哥拉斯（Pythagoras）第一次确立了可理解的东西与美之间的内在联系。他发现，在相同张力作用下振动的弦，当它们的长度成简单的整数比例时，发出的声音是和谐的。受毕达哥拉斯美的概念的影响，开普勒通过他的行星运动定律也得到了一种最高的美的联系。他为此深深感激上帝。

相比于科学开拓者思想中对美尚存的神秘主义色彩，现代科学家对美感的追求增添了更多自觉和理性的意味。在科学探索的进程中，很多科学家都有着非常深刻的美感体验和科学美学思想。他们以美的追求作为自己创造的动机，尝试着把和谐、对称、互补、守恒等科学审美标准移植到自己的科学知觉当中。经验表明，美感在科学家用以启迪发现、激发创造、选择理论、检验真理等方面效果非凡。

美并不能直接揭示自然奥秘。美感在科学发现中的最大意义在于它能给人以启迪。科学发展的持续历程除有传统的思维形式参与推动外，多项富有意义的工作确实也与充满着科学美感的“非科学判断”有关。海森堡（Werner Heisenberg）的量子力学理论，就是从感悟自然界的美出发，根据自然规律及其数学形式的简单性、完整性确立的。正因如此，海森堡在量子力学理论尚属初创，很多关键问题还没有完全解决的时候，就对自己的理论表现出了巨大的信心。另一位在量子力学中颇有建树的物理学大师薛定谔（Erwin Schrodinger），也是在其充满浪漫色彩的科学美感思维中将量子力学理论引入生物学领域，从而开拓出分子生物学这块新领地。此外，对称性的研究也在一定程度上引导了科学探索的方向，对物理学贡献卓著。例如，丁肇中证实了根据粒子之间的对称性而大胆预言的Ψ/J粒子的存在。

关于美感在启迪科学发现方面起作用的机制，长久以来也为很多人探讨。总的观点，认为美感对科学的启发作用属于下意识的活动范围。柏拉图（Plato）在《斐德罗》中作过这样的表述：灵魂在美的光芒下畏惧而战栗，因为它感到某

① 肖广岭．隐性知识、隐性认识和科学研究[J]．自然辩证法研究，1999（8）．

些东西被唤醒，那不是意识从外部曾经给予它的，而是早已安放在那深沉的无意识的境域之中了。休谟（David Hume）则用另一句名言表达了同样的思想：事物的美存在于思考它们的心灵之中。的确，从根本的意义上讲，审美是以人的情感和创造力为核心的各种心理因素的自由运动。在审美的王国中，人们卸下了一切关系的枷锁，摆脱了一切观念的强制，“通过自由去给予自由”①，从而激活人的深层心理与潜意识本能，为天才的创造力提供永不衰竭的源泉。所以，培养对科学美的敏锐领悟能力是一种极为精致的发现的艺术，具有良好艺术素养的科学家也更易取得创造性的成就。数学家希尔伯特是写文章的高手，普朗克（M.Planck）是钢琴专业大师，爱因斯坦就更不用说了，他对音乐造诣非凡。与其相交甚深的物理学家霍夫曼（Banesh Hoffmann）对爱因斯坦有一段颇为传神的描述：“爱因斯坦的方法，虽然以渊博的物理学知识为基础，但在本质上，是美学的、直觉的。我一边同他谈话，一边盯住瞧他，我才懂得科学的性质；只是读他的著作，或者只是读其他伟大的物理学家、哲学家或科学史家的著作，那是不大可能理解科学性质的。除了他是牛顿以来最伟大的物理学家之外，我们可以说，他是科学家，更是个科学的艺术家。”②

图2-5 拉小提琴的爱因斯坦

很长一段时间以来，对审美因素在科学发现和理论创造方面的作用，人们的态度相对确定。但围绕理论的接受与评价，由于受到逻辑实证主义辩护观点的影响，其审美基础的确立就不那么顺利。在辩护的情境中，逻辑实证主义完全从逻辑和经验的考虑出发，否认审美因素发挥作用。由于缺乏适当的概念工具去分析审美偏好，故而不能够解释科学家在进行理论选择时要诉诸审美标准这一事实。

然而，实际的情形却是越来越多的科学家根据科学理论所具备的审美特性的鲜明程度而去选择他们愿意接受的理论。“如果说把科学理论看成艺术作品的

① [德]席勒．美育书简[M]．徐恒醇，译．北京：中国文联出版公司，1984:145.

② 赵中立，许良英．纪念爱因斯坦译文集[G]．上海：上海科学技术出版社，1979:229.

想法任何时候对科学家都没有吸引力，并且科学家对科学理论的总的看法完全不受审美判断的影响，那才真是异乎寻常。”[①] 反过来说，正是科学本身所包含的至美，渐渐让人们自觉不自觉地开始利用美学标准来评判科学的真理性，与历来所坚持的经验标准和逻辑标准一道，参与对科学真理的检验。人们深信，不仅真的东西固有美，而且美的东西往往真。以广义相对论为例，爱因斯坦在其中提供的四维弯曲时空图像大大超越甚至背离了人们的常识直观，正确性并不容易得到经验确证，然而其数学形式的美却令很多科学家深深折服。难怪狄拉克（P.A.M.Dirac）在《我们为什么欣赏爱因斯坦的理论》的长篇演讲中这样说：“我认为，信仰这个理论的真正理由就在于这个理论本质上的美。这种美必然统治着物理学的整个未来，即使将来出现了与实验不一致的地方，它也是破坏不了的。”事实上，在1915年11月爱因斯坦首次公布他的引力场方程的完整形式时就在文章结尾处写道：任何充分理解这个理论的人，都无法逃避它的魔力。

济慈（John Keats）很久以前曾说，想象力认为是美的东西必定是真的，不论它原先是否存在。在审美因素对科学发现的作用中，最令人惊异的情形是，人的心灵在它最深处感到美的东西，后来竟然在外部自然界得到了实现。最具代表性的由美判真的例子，发生在具有极强美学敏感性的德国物理学家韦尔（Hermann Weyl）身上。韦尔曾经说过，我的工作总是力图把真和美统一起来，但当我必须在两者中挑选一个时，我通常选择美。引力规范理论是韦尔在《空间、时间和物质》中提出来的。他承认，这个理论在刚建立时作为一个引力理论是“不真的”，只是因为它显示出的美，才使他不愿放弃。多年以后，当规范不变形式被引进量子动力学时，韦尔的直觉被证明是完全正确的。另外一个例子是中微子两分量相对论波动方程。由于方程破坏了宇称守恒定律，物理学界有30多年没有重视它，结果当杨振宁、李政道推翻了宇称守恒定律以后，韦尔的美感直觉再一次被证明是正确的。[②] 这充分印证了库恩的说法：在新理论的建立中，美的考虑的重要性有可能是决定性的。

---

① ［英］詹姆斯·W·麦卡里斯特．美与科学革命［M］．李为，译．长春：吉林人民出版社，2000:11.

② [美]S.钱德拉塞卡．莎士比亚、牛顿和贝多芬——不同的创造模式[M]．杨建邺，王晓明等，译．长沙：湖南科学技术出版社，1995:75.

3. 思维创新的运作机制

从逻辑和思维方法的层面来研究能够揭示思维创新的许多特性，但并不足以揭示思维创新的具体运作过程和内在机制。20世纪90年代以来，伴随着认知科学、心智哲学、语言哲学的发展，方法论研究深入到认知、心智和语言的层面对其具体实现过程进行考察，试图揭示出科学创新的认知结构、思维机制和一般模式。当前，方法论研究主要集中于思维创新的意向性理论和对隐喻、类比等思维方法的分析上。

思维创新的意向性理论

意向性是心理现象的本质特征之一。主体结构中的意向因素是指与感知、表象、思维等认知因素相对而言的注意、情感、意志、兴趣、目的、期望等因素。在现实的认识过程中，这些意向因素始终与认知因素依存互补，对认知活动有着不可或缺的作用。

意向因素是认知发生的动力机。以兴趣为例，从个体认识的萌发看，新生儿表现了普遍存在的对新异刺激的兴趣，它是一种指向一定刺激的自然而有选择的倾向；从人类认识的滥觞看，古希腊人对自然奥秘的倾心探究，也起因于他们对自然秩序的惊异。“他们先是惊异于种种迷惑的现象，逐渐积累一点一滴的解释，对一些较重大的问题，例如日月与星的运行以及宇宙之创生，作成说明。”[①] 也正是这种情感，此后一直激励着科学家，一代又一代不知疲倦地行走于科学探索的绵长旅程上。

意向因素还是知觉形成的过滤器。经验和图像是思维的基本要素，知觉则是获得它们的前提。信息论和认知心理学的研究表明，主体对客体的知觉，来自于环境与知觉者本身。环境和记忆中的信息纷然杂陈，能够形成知觉的比例极小的部分信息正是与人的意向因素有关，反之，与此无关的信息统统滤去。

再者，意向因素又是认知发展的定向仪，具有根本的调控定向作用。现代信息论研究表明，在信息的获取和储存阶段，与认知主体的情感、兴趣、目的、计划等相一致的客体信息被接受，反之被排除。比如，注意把人的心理潜能指向一定对象及对象的某些信息层次，这就排除了无关信息的干扰；动机把人的生理、

① [古希腊]亚里士多德. 形而上学[M]. 吴寿彭，译. 北京：商务印书馆，1959:5.

心理潜能引向一定方向，并切断了向其他方向扩散的通道；积极的情感体验则能加快信息储存的速度，提高信息获取的质量。此外在信息的加工即思维运作阶段，意向因素也监视着思维的过程，影响思维的效率。

人类认知过程中的意向性特征，近年来随着心智哲学、认知科学和语言哲学的发展得到了愈益深刻的阐发。按照当代哲学的意向性理论，人类一切认知性活动都是本然的意向性活动，其根本特征在于指向、涉及或关于某个对象。选择性、超时空性和构造性是意向性表征特征的典型表现，即心智总是从众多对象中选择出特定的对象进行认知表征；心智还能超时空地构造和联系认知对象；心智的意向性也并不局限于存在的领域，而是能够创构和联系不存在或尚未存在的事物。①

随着意向性被看做是揭开心理、认知以及思维奥秘的一个枢纽，它也一跃而成为思维创新研究的重要理论工具。心理意向性理论被运用于思维创新问题的研究进路在于，思维创新的本质是在思维中形成此前所没有的新的心理表征内容。这个新的表征内容正是通过心智的意向性活动建构起来的，正是在心智的选择性、超时空性和构造性的表征活动中形成的。从这个意义上，思维创新可以看做思维主体能动地调配、组合、联结意向网络中的因素，从而形成新的意向状态的过程。具体而言，思维创新就是在特定心理意向的作用下，把未曾关联的意向要素关联起来形成一种未曾有过的意向对象，或者在局域意向网络中引入新的意向要素，形成一种新的意向网络，使得该局域意向网络生成新的意义，或者调整特定意向局域网络中意向要素的关系，使之形成新的意向结构。

沿着这一进路，詹特纳（Dedre Gentner）、洛伦佐·马格纳尼（Lorenzo Magnani）、南希·纳塞申（N.J.Nersessian）、保罗·萨迦德（Paul Thagard）等提出了“结构—映射理论”和“表征—程序理论”这些从心理意向性框架来探讨科学创新方法的理论成果。按照他们的看法，科学创新的形成过程就是科学家运用心理操作程序对心理表征进行意向性心理操作，通过类别化、概念化、范畴化、模型化而形成新的精神表征。其中，概念化是以某个认知对象为中心形成一个新的概念表征图式；模型化则主要是以某个特定的表征性概念为中心向外围进行辐射性建构，对特定概念的心理表征的不同，将导致心理操作过程中构建出不

① 刘高岑．当代西方科学哲学的科学创新研究述评[J]．哲学动态，2008（1）．

同的模型，从而形成不同的思维创新。[①]

科学思维的隐喻问题

隐喻原属语言学和修辞学的研究范围，它进入科学的视野经历了一个过程。正统科学哲学界受逻辑实证主义影响，大抵对隐喻抱持不信任的态度。在实证主义看来，隐喻命题是不能通过经验证实的；在科学主义看来，隐喻又是属于非科学的。故而，他们排除隐喻用于科学的可能，仅把这种叙事设定为一种历史和文学中的说明形式。

20世纪下半叶，语言学家莱考夫（George Lakoff）和约翰逊（Mark Johnson）对这一传统进行了批判，认为逻辑实证主义忽视了人类认知的一个特征——即在形成有意义的概念、进行推理的过程中，人类的生理构造、身体经验以及丰富的想象力发挥了重要的作用。这里，他们提出了基于体验的经验主义认知观作为隐喻和认知研究的基础。他们认为，人类认知是体验的，人类知识来自于经验者和被经验的环境之间的互动，隐喻正是在这种互动中发挥着重要的、创造性的作用，是人们认识世界的一种基本方法，是人们对抽象范畴概念化的有力认识工具。[②]

这种哲学观转变的后果之一，是使隐喻成为认知研究中的一个重要课题。换言之，隐喻具有一种作为基本思维工具的本质、意义和价值。某种意义上，人的思维过程大体是隐喻性质的，通过将一个概念域系统地、对应地映合到另一个概念域，隐喻可以解释人类概念的形成、思维的过程、认知的发展以及行为的根据。在科学中，人们可以通过隐喻思维来理解自身和世界，因为它在本质上蕴涵着某种超越外在现实世界的意向，体现了人类意识与精神活动的原始结构和方向，任何其他思维方式都无法起这样的作用。作为对客观世界某种特征进行猜测、探察和描述的核心工具，科学隐喻的创设和应用“超越了一维的字面意义和单纯的经验判据，消解了稳态的指称理论与僵化的逻辑架构，摆脱了严格因果决定论的逻辑限制与束缚”[③]，为人们提供了进入可能世界的门户。

事实上，科学史上隐喻的运用广泛存在。甚至还可以说，“隐喻是智慧的开始，是最早开始采用的科学方法”[③]。近代科学即起源于对隐喻的论争，其结果

① 刘高岑．当代西方科学哲学的科学创新研究述评[J]．哲学动态，2008（1）．

② 刘大椿．隐喻何以成为科学的工具[J]．西北师大学报（社会科学版），2009（4）．

③ 郭贵春．科学实在论的方法论辩护[M]．北京：科学出版社，2004:187.

图2-6 尼尔斯·玻尔

是哥白尼的地球绕日运行的圆周运动隐喻（circle-motion metaphor）脱颖而出；麦克斯韦（James Clerk Maxwell）的重要论文“论物理学的力线”也是运用隐喻来完成其创造和表达的，他使用“力线”与“分子的舞蹈”解释磁力的形状和分子的运动。玻尔（Niels Bohr）则使用太阳系隐喻建立了原子结构理论。而当代宇宙学又有所谓宇宙起源的“大爆炸隐喻”（big bang metaphor）。

过去的几十年中，越来越多的科学哲学家如玛丽·海丝、罗姆·哈瑞（Rom Harre）、狄德瑞·詹特纳、罗伯特·霍夫曼（Robert Hoffman）、理查德·博伊德（Richard Boyd）等，都从不同的方面致力于科学探索过程中隐喻方法的现实性研究，隐喻在科学创造中起着重要作用已是不争之论。现在的问题是，怎样有效地揭示通过隐喻思维实现科学创新的过程和机制，并以此启发科学研究。为此，布朗（T.L.Brown）、若斯巴特（D.Rothbart）、贝勒—琼斯（D.Bailer-jones）、亚瑟·米勒（Arthur Miller）、麦卡墨尔（P.Machamer）等人进行了卓有成效的工作。

就隐喻视角而言，创新的中心环节是通过隐喻构建从源领域（source domain）到靶领域（target domain）的映射（mapping）。隐喻的创造性功能可以通过多种途径发挥作用：通过本体和喻体之间的结构类比、性质类比、功能类比等使未知对象的结构、性质、功能得到具体的描述而彰显出来；通过隐喻建构未知对象的模型；基于隐喻展开对未知对象的推导；通过建构隐喻模型来实现对未知对象或问题的初步理解等。

以隐喻促成模型的形成为例。模型作为启发性方法的作用素来为科学哲学家所肯定，但隐喻在模型中所起的作用却经常被忽略。然而，事实正像马科斯·布莱克（Max Black）所强调的，“每一个隐喻都是一个潜在模型的显露点”[①]。麦克斯韦电磁场理论的力线隐喻就利用了那个年代英国科学家特别偏爱的以器械为基础的视觉模型。马克斯·普朗克在其关于黑体辐射的研究中所运用的简单谐振器隐喻显然也是一个机械性的模型。简单的谐振器能够被人们迅速而正确地理解，它使普朗克能够根据处于激发态的荷电粒子所具有的众所周知的那些力学和

① Black M. More About Metaphor[A]. Ortony A（ed.）. Metaphor and Thought[C]. Cambridge：Cambridge University，1993:30.

电磁学性质，去探索当时知之甚少的黑体辐射的性质，从而使黑体辐射研究有了一条得以展开的进路。

当然，隐喻作为理论模型的基础不仅在于表征或解释作用，同时又是而后理论模型得以建构的潜在源泉。在更为深刻的层面上，隐喻实体有时能够成为物理上的实在，隐喻本身甚至参与科学理论的建构。比如在某种特定的情形中，一个自然类词项或理论词项既不可能被例证地引入，也不可能以存在的术语来讨论的情况下，隐喻至少在一段时间内就构成了“科学研究语言机器的一个不可替代的部分”[①]。美国隐喻研究权威博伊德将这种隐喻称为“理论建构隐喻”。理论建构隐喻富有洞察力，为上述情形下的词项确立最初的指称，或者说为未来的理论陈述引入术语，从而才可能使研究进一步展开。这种隐喻形式的一个很典型的例子就是核力隐喻。“核力”（neuclear force）被引入来指示不带电的中子和带正电荷的质子之间的吸引力。由于经典物理学中只存在万有引力和电磁力两种吸引力，核力便导致了一种非经典的理论物理学的语言进行表述的情况。1932年，海森堡受他在量子力学中的发现的启发，决定把他由量子力学的数学所形成的交换力通过形式类比引入到原子核维度。这样，核交换力就成了原子核中的一个视觉隐喻，为本质特征仍未知晓的“核力”这个语词确定了一个未定义的指称，使其成为亚原子世界扩展直觉概念的关键。

语境类比模型

本质上说，类比推理与科学隐喻同样属于一种有理由推理的思维方式，是实现思维跃迁的重要途径。尽管类比推理也被众多科学哲学家视为一种没有多少可靠性的科学研究方法，但不得不承认，它由于往往能够给予行之有效的启发思路而历来受到科学家们的推崇，像康德（Immanuel Kant）、开普勒、马赫（Ernst Mach）等都曾表达过类比在扩展知识方面是富有成果的动机或方法之类的说法。

图2–7　1893年芝加哥世博会展出的第一台打字机

认知心理学如今证实，借助类比思维，可最大限度地将过去成功的经验转换为解决新问题的知

① Ortony A（ed.）. Metaphor and Thought[C]. Cambridge：Cambridge University，1993:485.

识。这也就是说，科学家如果训练自己注意寻求类比，这种思维工具很可能就成为“神通广大的仙杖”[①]：思想性的类比可以导致科学领域的开拓和科学观念的革新；事例性的类比可推进广泛的思维迁移与联想；工程性的类比则导致广泛的原型启发与仿生创造。19世纪一位美国发明家看见钢琴的音锤敲击琴弦而受到启发发明了打字机，科学家格拉塞（Donald Glaser）喝啤酒时受啤酒泡有序上升的启发而发明了探测高能粒子的气泡室，怀特兄弟（Wilbur and Orville Wright）则在研究如何保持飞机平稳时借用了老鹰在飞翔中保持平衡的类推。这样的例子俯首皆是。

很多科学创新之所以源出于类比推理，是由于类比的结论受前提制约程度最小，自由度最大。“它常常在类比属性和推出属性之间关系不清楚或者类似性很少的情况下进行，正是这种较高自由度，才使类比具有很强的创造性。”[②]然而，到底是什么逻辑允许人们从类比中引出明智的推论？为了得到这个问题的答案，哲学家、心理学家和认知科学家都进行了深入的研究。

由于科学研究中解决问题的需要不同，类比所起的作用和方式也大相径庭。类比推理发展至今，已经有性质类比、因果类比、数学相似类比、结构类比、功能类比、正类比、反类比、综合类比等许多形式。而任何类比形式的中心问题，莫不是为从类比中导出新信息的那种类比关系提供一种辩护。研究表明，尽管从逻辑学来讲，类比推理的结论没有包含在前提之中，是超出了前提范围的，因而是或然的。但科学创新中的类比推理仍有其客观的基础。其依据在于，客观世界中各种事物及属性间的相互联系和制约普遍存在，可以利用事物或属性的相似或相近，从一事物而推知另一事物。比如气体分子的不规则运动与空气中尘埃微粒的振动和飘移有一定相似之处，而电荷、磁荷间的相互作用规律类似于万有引力定律。从这个意义上说，类比是理性的本能。正如黑格尔（G.W.F.Hegel）所认为的那样，这种理性的本能使人感觉到，经验得出的这个或那个规定，在该事物的内在本性或类中有着自己的根据，并且理性的本能往后依据着这个规定。

近年来，随着揭示思维创新的内在机制和构建思维创新的可操作性模式成为思维创新研究的关键环节，类比推理机制研究也成为一个异常活跃的领域。从20

① [英]W.I.B.贝弗里奇．科学研究的艺术[M]．陈捷，译．北京：科学出版社，1979:61．

② 李玉兰．类比推理的机制与功能[J]．武汉大学学报（哲学社会科学版），1995（3）．

世纪50～60年代开始，类比推理的研究就始终沿着两条进路展开。一是研究类比推理的本质，二是研究类比推理与问题解决之间的关系。这些方面的研究形成了诸多有代表性的理论。其中，结构映射理论认为类比中最关键因素是源类比物与目标类比物之间的联系。多重限制理论则指出，类比的最后形成是由于在类比思维过程中大量结合在一起的总的限制所引起的，有相似性限制、结构性限制、目标限制，限制物越多，类比推理越困难。高水平知觉理论主张类比包括情境知觉过程和映射过程。前者负责对材料过滤和组织，形成情境的心理表征；后者同时激活两个情境表征，形成一对一的对应，进而产生最后的类比。情境知觉水平越高，情境表征就越清晰，类比推理效果就越好。

与此同时，当代语言哲学发展到后期，已经把语境看做具有本体论和方法论意义的思维单元。而运用语境论的方法来理解科学，自然为研究思维创新提供了一种新的框架，类比运用的语境化特征也随之被揭示出来。事物及其属性之间的相似性是复杂的，以相似性为基础的类比也是多种多样的。如此，类比绝不是简单的两个事物及其属性的比较，而是牵涉到运用它的人如何在所处的各种情景中对知识的整合过程。这说明类比是一种语境化的整体行为，体现着各种因素相互关联的认知方式。具体到语境类比模型这一框架，科学创新就是在特定创新难题与特定科学语境的相互作用中实现的求解，也就是通过把当前的难题语境与此前某个相似的难题语境进行类比，以相似的方法来解决难题的过程。基于相似的论断，确定的事物将随着允许人们把原初领域的信息转换为目标领域的信息的那些具体规则而被扩展，解决难题的语境因此而被修改。这样，如果类比推理过程是成功的，它就进一步导向难题的一种尝试性解决。在这种类比模型中，包含着弱类比和强类比两种类型：前者只为难题的尝试性解决提供启发性工具，后者则还为接受尝试性解决方案提供理由。牛顿（Isaac Newton）在设计颜色环时对全音阶的类比就属于强类比。仅仅全音阶包含七种不同音调这个事实就被牛顿看做相信光谱包含七种不同颜色的充分理由，他甚至以这个类比去订正他的观察事实。当然，不可忘记，基于类比所得出的结论与通过演绎所导出的结论矛盾时，其中之一必须被撤除。只有将类比推理与演绎推理联合运用，才能完成整个动态的思维创新过程。

三、方式转变之维：方法创新

从事科学研究要遵循一定的规则，也确有一些规则能为科学发现提供有价值的引导。然而，从批判的视角看，规则一旦遁入程式化和还原论的绝对化命运，就会使方法失去其之为方法的根据，从而也将剥夺科学成长的生命力。“说到底，规则的应用靠的毕竟不是规则本身，最终还得依靠人类行动”[①]。

1. 新旧程式的嬗变

从某种意义上说，一切科学探索都是方法的探索。这里，方法是为解决问题所需要的研究手段的总和，也被惯常地理解为科学家推进知识所运用的程序和精神过程。而值得注意的是，方法同时还带来了有关研究者在解决问题的过程中应当遵循某种活动规范的信念。换言之，人们关于方法的理想是能够确定一套规则。遵循这些规则，即使智能平平的人也都能在各自的领域中作出发现和发明，解决面临的问题。一直以来，这种程式化的努力都是科学方法论研究中的主流。

作为某种信念，程式化始自悠久的思想传统。柏拉图曾经试图把全部推理都归纳成明晰的规则，把世界归约为不需解释地运用这些规则的原子事实。17世纪上半叶，即在对科学方法作系统研究的最初，培根（Francis Bacon）和笛卡儿（Rene Descartes）两位思想家也都表示了对这样一种美好理想的憧憬。培根说，我给科学发现所提出来的途径并不为聪明才智留下多少活动余地，而是把一切机智和理智差不多摆在平等的地位上面。因为正像画一条直线或一个正圆形一样，如果只是用手来画，那就很要依靠手的稳健和训练，但是如果是用直尺和圆规来画，那就很少依靠这个，或者根本就不依靠

图2-8　弗兰西斯·培根画像

① [英]迈克尔·波兰尼．科学、信仰与社会[M]．王靖华，译．南京：南京大学出版社，2004:13.

它了。对我们的方法来说，也恰好是这样。[①] 笛卡儿也表达了同样的意思。他认为，人的良知或理性是天然地均等的，智力的差别是由于人们采用不同的途径来运用思想而造成的。科学方法的实质就是给人们提供一些确切而简单的规则，帮助人们去真正地认识所能认识的一切。他说，方法的目的是使将人类导向真理的所有道路都如此之通畅，以至于任何一个掌握这种方法的人，不论他们的智力多么平常，也能发现他认识不了的东西并不比别人多。

毋庸置疑，方法越是程式化，就越易于掌握，也越能发挥作用，便于经济地使用乃至直接地继承。尽管在科学中，一劳永逸的方法是不存在的，方法论的程式化目标故此带上了较重的理想色彩，但这并不等于说，程式化的努力在方法论中毫无意义。拿算法来说，程式化的一步步努力意味着人类智力的一步步解脱。对于适用的问题，算法是不可替代的，人们通过掌握确定、有效的算法而有机会迅速摆脱无谓的工作，集中力量解决那些尚不能程式化的任务。往远了想，有了中世纪阿拉伯人发明的四则运算法则，人们才能计算多位数的加减乘除，即便是年幼的学童也是易学易懂。往近里说，在电子计算机时代，解决了某个问题就意味着有可能通过编制出相应的程序而使该过程自动化。随着人类思维和实践活动的大规模算法化，人类的文化和生产力如今也发生了根本性的改观。事实上，不仅限于科学，生活实践中的大多数事情如果不是预先程序化了的，人们也是什么都做不成。一定的意义上，人类文明的进步正在于把越来越多的东西成功地纳入程式化的处理轨道。

历史地回溯科学方法论的程式化努力，大致是由古典逻辑到科学逻辑（包括“穆勒五法”和现代归纳逻辑），再到人工智能这样一个过程。首先是亚里士多德的形式逻辑。亚里士多德方法论的关键是演绎逻辑，他的主要逻辑著作《工具论》对三段论法和一些重要的逻辑规律作了比较透彻的研究，为建立一种程式化的思维和推理规则——形式逻辑奠定了基础。

过了1900年，培根一反亚里士多德的传统逻辑，而着眼于近代意义的科学方法论——科学发现问题。程式化的方向也相应地转到科学发现的程序，从而导致了对归纳逻辑的深入研究。培根的归纳程式是消去归纳法与例证表，试图通过查阅具有表、缺乏表和比较表，用排除法消除掉外在的、偶然的联系，提取事物

① 北京大学哲学系外国哲学史教研室. 十六—十八世纪西欧各国哲学[G]. 北京：生活·读书·新知三联书店，1958:22.

之间内在的、本质的联系。培根的工作在19世纪得到英国逻辑学家约翰·穆勒（John Stuart Mill）的发展。后者设计了一套称为“穆勒五法”的归纳程序，利用这些归纳“格”，科学定律的发现与证明得以实现。

20世纪正统的科学方法论思想是一种现代归纳主义观点，认为只有经验才能提供关于世界的可靠知识，只有用数学与逻辑去寻求知识才可能精确。他们运用以数理逻辑为代表的现代符号逻辑作为推理和表达的工具，试图为解决科学知识的结构问题找到一种程式化的方案。在将归纳逻辑视作是一种证明方法、归纳推理被理解为一种概率演算的基础上，方法论问题就被程式化为一种概率逻辑。尽管后来这个方向上的努力因遭遇巨大的困难而逐渐衰落，但由现代逻辑学发展带来的物化成果——电子计算机，却在另一种意义上提供了思维程式化的可能。

图2-9　世界上第一台计算机ENIAC

机器思维的实现堪称方法论程式化努力中最为激动人心的成果。英国数学家图灵（Alan Turing）在1936年首先从理论上证明了，凡可精确形式化的思维推理过程都能在某种机器上实现。随着电子工业提供的技术手段日益成熟，抽象的图灵机不久就发展为实用的电子计算机。美籍匈牙利数学家冯·诺伊曼（J.von Neumann）根据当时电子元件的性能与价格设计了一个构造电子计算机的最优总体方案，即由一个中央控制器按事先编好的程序，指挥一个运算器依次处理各个所需数据。与此同时，神经生理学也弄清楚了大脑神经元最基本的信息处理方式类似于二值逻辑开关网络。这在电子技术中是很容易模拟的，所以计算机硬件普遍使用二值逻辑开关元件，并且提出了计算机能否具有人脑智能的问题。

随着计算机技术的发展，人类思维程式化的努力获得了惊人的成果。与正统科学哲学与科学方法论在逻辑的研究范围内一度取消了科学发现问题相区别，一些乐观主义者坚持主张科学发现可以有启发式程序或方法论规则，甚至有可能机械化。值得注意，在进展方面，赫伯特·西蒙（Herbert Simon，中文名司马贺）和他的同事对人工智能中体现的程序化方向作出了重要贡献。如他们自己所坚信，人脑的认知程序不难表征，电脑也可以掌握和运用这些规则，模仿人脑的认知程序和设计行为。

图2–10 赫伯特·西蒙

20世纪50年代初，西蒙在拓展其“管理就是决策”的著名思想时逐步明确了决策的本质就是问题求解的过程。后来西蒙的研究重点明显地转向于人类问题解决的心理学，开始探索人类思维所使用的符号加工过程。在把计算机看成一种通用的符号处理系统这一全新的见识形成后，西蒙和艾伦·纽厄尔（A.Newell）报告了一个名为“逻辑理论家”（Logic Theorist，LT）的智能程序。该程序证明了罗素和怀特海《数学原理》一书中的大部分定理，从而首次成功地模拟了人类解决复杂问题的思维活动。此后，机器发现研究一发不可收。BACON系列程序[①]被认为是经典的数字定律再发现程序，它重新发现了波义耳定律、开普勒的第三行星运动定律、欧姆定律等多种定律和函数关系。另外的一些程序则涉及定性定律、结构模型和过程模型的再发现以及实验过程设计的再现，如STAHL程序能提出燃素说，GLAUBER程序能发现酸和碱的概念，这都涉及定性定律的再发现；DALTON程序则可以模拟多重化学反应，还可应用于粒子物理学和孟德尔遗传学，是结构模型的再发现程序；KEKADA程序模拟了1932年生物化学家科拉伯（H.Krebs）发现动物肝中尿素合成机理的活动，是对实验室发现的模拟。此外，1977年列纳特（D.B.Lenat）编制了另一著名的再发现程序——AM（自动数学家）程序，它能在初等数学和集合论中重新发现概念和规则，产生了自然数、质数等概念以及哥德巴赫猜想，甚至还产生了最大可分数的次要法则。[②]

毫无疑问，这些再发现程序有助于解释科学家在发现过程中所使用的方法。然而，因为计算机所发现的东西是前人已经发现了的，有人不免会质疑编程序的人由于已经知道了该科学发现而事先把结果编了进去。实际上，随着机器发现研究的不断推进，人们已经利用机器发现程序在具体领域作出了新的真正的发现，并使之成为现实科学创造活动的组成部分。另外，在实际的发现行为中，发现的最后一步经常表现为一个突然发生的事件。这往往是发现者事先没有预料到的，也是科学发现中最让人费解的事实，通常被人们称为“灵感的火花”或“创造的

① BACON程序是以英国哲学家培根（F.Bacon）的名字命名的，最初由兰利（Pat Langley）在其博士论文中提出。

② 樊阳程. 科学创造力的机器发现研究述评[J]. 自然辩证法研究，2007（11）.

瞬间”。鉴于这种顿悟（insight）体验是科学发现过程中的重要认知机制，西蒙认为，一个完善的发现理论必须阐明顿悟现象的心理机制。他为此提出了三个重要的观点，第一，规划是顿悟的源泉；第二，从一个新的角度来观察问题是导致顿悟的直接原因；第三，顿悟的本质是再认。[①] 事实上，这种再认过程已经被计算机程序EPAM成功地模拟。当一个刺激模式输入时，该程序就对它进行一系列的检验，最后将其纳入一个与其他刺激相区别的辨别网络中，并用一个符号来表示这一模式，将识别结果存在短时记忆中。由于短时记忆中没有存储检验过程的信息，因此这一过程是意识不到的。同时这一识别过程也是迅速的，与人的再认速度相当。如此一来，西蒙对顿悟发生的机制给出了计算的说明，而对顿悟体验等这种“不可解释”的认知机制所作的考察，也构成了机器发现研究的另一个重要方向。[②]

不难看出，机器发现研究在推进科学创造力研究方面成效卓著。通过再发现程序对人类发现行为的重要特征的模拟，机器发现研究深化了对人类发现过程的认识，继而从认知角度促进了对创造性思维的考察。从更加广泛的意义上，人脑与计算机的类比还突破了仅局限于从人出发的科学创造力研究的范围和方法，为建立能辅助科学家作出发现的系统甚至完全自动的发现系统提供了基础，从而使得作为科学创新方法的人机联合发现这一新形式的实现成为可能。目前，在人工智能应用于计算机辅助创新方面已有重大成果面世。

无可否认，机器发现研究同时也遭到了来自创造力研究、科学知识社会学等方面的质疑。各种责难不外乎它未能说明意向性、情感和意志等在人类认知活动中的作用，对社会、历史、文化等智能系统的外在因素缺乏考虑这些方面。这的确构成了机器发现研究与生俱来又无法回避的困难，而更大的问题也许还在于自反性的考验。自然的智能系统与机器的智能系统之间固然存在很多类似之处，但“细一思考则发现存在一个重大隐患：目前的电脑本身就是人脑的产物，在研究中预先假设心智类似于电脑，极有可能陷入了自反性的循环论证之中。”[③] 对机

① 朱新明，李亦菲．架设人与计算机的桥梁——西蒙的认知与管理心理学[M]．武汉：湖北教育出版社，1999:197.

② 1995年在加拿大蒙特利尔召开的第14届人工智能大会上，西蒙获杰出研究奖。在获奖特邀报告中，他以“对‘不可解释’现象的解释——关于直觉、顿悟和灵感的人工智能研究”为题，对这些智能现象及其模拟进行了阐述。

③ 涂明君．程序化的哲学阐释[D]．中国人民大学学位论文，2008:221.

器发现研究的可能前景，目前仍然众说纷纭。但这并没有给人们任何理由去低估或者忽视用计算机模拟科学发现的重大意义及真正价值。无论如何，人工智能已立起了方法论领域中程式化努力的崭新里程碑，而程序理性也依然会长期主导机器发现研究的前沿方向，并在很大程度上推动人工智能向纵深发展。

2. 从化简还原到方法集成

从科学史上看，自德谟克利特（Democritus）和亚里士多德以来，科学家们就笃信在世界的繁复特征之下，必定潜藏着某种“简单物”和“简单力”。由培根和笛卡儿倡导发展的近代科学方法论，在根本上则可以概括为还原论。其突出表现是：尽量化简对象、分割对象，做可控制的实验，不断用下一层次的规律解释、推导出上一层次的规律和现象，并且认为下一层次更具根本性。还原论相信，能够通过尽可能简单的线索把自然、生命还原成一套基本的要素，而获得对自然和生命的彻底理解。①

通过还原方法，近代科学发展到鼎盛。并且与通常的认识相反，这种方法论传统迄今也没有明显衰落的迹象。“还原论的方法论基本原则，不但曾经在近代科学的发展中大显身手，而且仍然是现代科学的重要特点和基本原则。”②

当然，近代科学方法论在被现代科学沿用的同时，在发展过程中又有所突破，这就是整体论的萌生。从一开始伴随着对新方法的呼吁就有一系列与之相匹配的影响不小的探索，如贝塔朗菲（Ludwig von Bertalanffy）的一般系统论、维纳（Norbert Wiener）的控制论等。他们不仅以批判还原论起家，而且超脱了朴素哲学关于整体性的思辨描述，以前所未有的方式提示人们，整体性思维不再是空洞的口号，而是理解科学奥秘必须认真对待的严肃问题。

20世纪60年代末，以耗散结构理论的诞生为先导，系统自组织理论开始蓬勃兴起。70~80年代，诞生了协同学、超循环理论、突变论、混沌理论、分形理论等一系列自组织理论或者说复杂性科学，使系统科学发展到一个新的阶段。这些全新的关于系统演化的自然科学的新表述，与以整体方式观测宇宙演化过程的系

① 刘华杰．方法的变迁和科学发展的方向[J]．哲学研究，1997（11）．

② 刘大椿．科学活动论·互补方法论[M]．桂林：广西师范大学出版社，2002:316.

统范式思想一起，为人们提供了一个观察自然和社会的新角度。[①] 从而，体现系统思想与系统范式的广义生态学、可持续发展战略研究、信息技术与认知科学纷纷挺立。在某种意义上，以整体思维、非线性思维、关系思维、过程思维为主要特征的探究方式，还实现着自然科学与人文社会科学的自觉结合。

如今，一切可以用普利高津（Ilya Prigogine）的话来概括："简单性思想正在瓦解，你所能去的任何方向都存在复杂性"[②]。自然科学中，从激光物理学、量子混沌和气象学直到化学中的分子建模以及生物学中对细胞生长的计算机辅助模拟，复杂系统已经成为一种成功的求解问题的方式。人文社会科学也逐渐认识到，人类所面临的主要问题是全球性的，考察生态、经济、政治系统甚或人类意识，都需要转换成整体思维。

复杂性科学不仅在整体的方法论立场上超越了还原论，其所使用的具体研究方法也超出了还原分析方法的界限。有些是在传统科学方法的基础上进行了革新改造，比如模型、数值、计算、虚拟等；有些还采用了传统科学研究较少采用甚至不太认可的科学方法，比如隐喻。当代复杂性科学的重镇——美国圣菲研究所（SFI）的研究者们就把计算模拟、隐喻类比方法引入复杂性科学中。比如，约翰·卡斯蒂（J.L.Casti）在《虚实世界》中对复杂性的研究方法和工具特别是计算机仿真进行了专门研究，霍兰（J.H.Holland）在《隐秩序》和《涌现》两本专著中则把隐喻方法引进到复杂性研究。

总的看来，对复杂性探索方法的哲学考察应能为科学方法论的发展提供新的契机。换句话说，对于本身就具有方法论意蕴的复杂性科学，一种系统、全面的哲学研究在某种意义上是能够影响复杂性科学作为方法论工具用于其他学科的研究的。这提示人们，在科学创新中运用系统思想、体现方法集成理念，不失为一种创新方式的转变。

随着现代科技被嵌入到产业和国家计划中来，如何发展科学的问题在某种程度上从如何促进思考、如何捕捉灵感等个体微观方案转移到了如何制定目标和计划、如何整合资源以及如何分解任务等整体宏观方案上来。这就导致方法论的研究需要将科学创新当成一个系统来对待。

---

① 彭新武．复杂性科学：一场思维方式的变革[J]．河北学刊，2003（3）．

② [美]J.布里格斯，F.D.皮特．湍鉴——混沌理论与整体性科学导引[M]．刘华杰，潘涛，译．北京：商务印书馆，1998:271．

科学创新本身就是一个多重因素相互作用的非线性过程。作为科学创新中系统思想的突出体现，在大型社会系统工程，如人们所熟悉的曼哈顿计划、阿波罗登月计划中，一个个无比庞大的目标运筹体系采用化整为零的办法，将核心使命分解为一系列的次级任务，并对分解出来的细节进行实时控制，使之组合后接近目标，同时动态地调整目标。而且，在这种系统工程中，各种单项和分散的相关科学技术成果得到集成，其创新性远远超过单项技术的突破，取得了整体大于部分之和的效果。

系统思想被引入到创新过程中，意味着人们运用系统的方法来研究和处理创新。创新自此也进入了一个新的阶段，形成了系统集成和网络模型的创新模式。国家创新系统（NIS）是将创新系统方法应用于国家范围的创新。我国在迈向创新型国家的道路上，也引进了国家创新系统，然而运用效果并不理想。这正是由于我国的国家创新系统不能进入到复杂系统的层次，才导致了创新效率低下的结果。

在系统思想进入创新过程的基础上，体现了系统思想指导的集成思想也相应地被引入到科技发展的各个层面中来。于是，方法集成开始成为一个重要的问题求解策略。大都知道，围绕科学创新，人类始终面临着问题的复杂性与方法的有限性之间的矛盾。创造不同于原有方法的全新方法是解决这一矛盾的重要方案。但除此而外，还有一个方案却经常被人们忽略，这就是方法集成。既然没有哪一种方法能够所向披靡、独领风骚，那么不同方法有机集成、共担大任也是理所当然的可行之道，按照系统论的观点，它将产生整体大于部分之和的非线性效果，进而使原有的方法家族产生推陈出新的可能性，极大地增强解决问题的能力。

在这方面，钱学森领导的“系统学讨论班”的思想方法值得注意。20世纪80年代初，钱学森针对军事系统研究，提出将科学理论、经验和专家判断力相结合的半理论半经验的方法。80年代末，针对我国宏观社会经济复杂巨系统所面临的问题，钱学森、于景元等又提出了从定性到定量的综合集成法。综合集成方法的实质是专家体系、统计数据和信息资料、计算机技术三者的有机结合，构成一个以人为主的高度智能化的人机结合系统。首先是对问题系统建模，将经过计算机定量分析的结果呈现给专家群体进行研讨，专家根据定性经验提出修改建议，再送入计算机做定量分析。如此反复循环，最后收敛到一个优化结果。

在现代科学向综合性、整体化方向发展的过程中，综合集成方法是可以发挥作用的。同时，综合性、整体化的方向，也有技术层次上的应用问题。这方面比较典型的是系统工程技术的出现与发展。系统工程是组织管理系统的技术，它根据系统总体目标的要求，从系统整体出发，运用综合集成方法把与系统有关的学科理论方法与技术综合集成起来，对系统结构、环境与功能进行总体分析、总体论证、总体设计和总体协调，其中包括系统建模、仿真、分析、优化、评估与设计，以求得可行的、满意的或最好的系统方案。应该注意的是，系统工程不同于其他技术，它是一类综合性的整体技术、一种综合集成的系统技术、一门整体优化的定量技术。它体现了从整体上研究和解决问题的技术方法。[①] 目前，实践已经证明了系统工程的有效性。

当然，在应用方法集成的过程中，常常会因问题的复杂性、方法集成后新增的副作用而出现“集成失效”的现象。对此，必须对方法集成开展充分的研究，才能使其发挥优势互补、相得益彰的创新效果。

3. 科层组织的管理方法

过去几个世纪里科学所经历的重大实质性变化，使它发展到了今日被习惯地称为“大科学”的地步。如果说17～18世纪处在世界科技中心的英国，是由自由的研究个体铸造出来的英雄神话——正如英国诗人蒲柏（Alexander Pope）在其散文诗《牛顿爵士的诞生》中写的那样：自然和自然法则隐藏在黑暗中；上帝说，让牛顿去吧！顿时世界一片光明——那么，待到美国成为世界科技中心的时候，人们关注的焦点已经从家里工作的个体研究者转向了工业实验室里的科学家群体，而这些科学家中的每一个都只能为庞大的科研项目贡献出自己微薄的力量。

相比于传统科学，大科学的突出特点是规模宏大：无论是雇用人数还是投入资金，抑或所用科学仪器的量程与精确程度，乃至科学知识产出。在规模成百上千倍增大的过程中，科学知识生产的新特征逐渐代替了科学家单枪匹马、以一己之力追求真理的认知活动模式，个体的智力模式和思维方案所能做的一

① 于景元，周晓纪．从综合集成思想到综合集成实践——方法、理论、技术、工程[J]．管理学报，2005（1）．

切也仅仅就是在相互作用的社会化认知体系中进行自我调整。简单说，作为一种开始在政治和经济的需求下产生的事业，科学在方法上不再必然纯粹地来自于哺育它的文化。

大科学所拥有的科层组织形式是与科学传统工作方式相区别的重大方面。近年来，随着科学研究社会化程度的进一步提高，人才、经费等问题愈发地重要，一个国家的科技发展水平在很大程度上也与智力资本和研发投入密切相关。然而，人才问题首先不是数量问题而是结构问题，在合理的组织当中人才才有可能被恰当地发现、培养和配置；在研发投入方面，重要的同样不是数额，而是对它的管理。当下一个显见的趋势，就是科技创新与科技管理正逐步走向一体化，管理方法的重要性也因此而凸显出来。

与过去一直强调科学的传统认知方法有关，管理方法并不为人所普遍重视。而且从本质上讲，管理具有规范性，似乎与强调创造性的科学有所抵触。但要注意的是，当科学家不仅通过单纯的理智来参与科学的时候，科学便成了一种系统性的活动。而那些构成科学家个体素质的精神和方法所具备的普遍性，却绝不等同于系统性。

讲具体一点，在一个创新团队当中，优秀的管理者应善于洞察科学前沿的突破点，制定研究战略并实施科研计划，也应具备较强的凝聚力和协调力，善于整合团队的知识结构，营造宽松、良好的创新氛围。择要而言，在科学创新系统中，管理方法涉及目标决策、资源协同以及治学环境的营造等问题。

关于目标决策。大都知道，世界上的多数著名科学研究机构并不是按照学科分类进行的“大而全、小而全”的设置。除有些机构本身就是为了某种特定的要求而建立，比如为实施曼哈顿计划而设立的阿贡（Argonne）国家实验室和洛斯·阿拉莫斯（Los Alamos）国家实验室这种情况外，基本上，著名的科学研究机构都有着持续的优势方向和稳定布局。这就意味着目标决策对于一个科研机构而言意义重大。

图2-11 洛斯·阿拉莫斯实验室可以看做是整个曼哈顿工程的“总装车间”

具体来说，科研方向的选择非常重要。它往往决定着某段时期内课题的界定、负责人的遴选、科研队伍的构成、经费的申请以及仪器设备的配置等各个方面。著名的剑桥分子生物实验室（现为威康—桑格研究所）原是卡文迪许实验室的分子生物学研究组。1962年诺贝尔化学奖获得者马克斯·佩鲁茨以对科学精英及其创新活动的深刻了解和信赖，将之分离出来。沿着生命科学和基因结构这一方向，该室1978年至今有6~8人次获得诺贝尔奖，而卡文迪许实验室沿着其实验物理发展路线，转向凝聚态物理研究，在1978年后一个诺贝尔奖未得。正如佩鲁茨所总结的那样，MRC分子生物实验室成功的三要素依次为方向、人才和环境，研究方向的选择占第一位。

图2-12　卡文迪许实验室

关于资源协同。从借鉴的思路出发，相继有研究探讨了发达国家的R&D投入问题，基本上也形成了较为统一的看法。那就是，这个指标与科学发展关系直接，但包括我们国家在内的多数发展中国家在投入数额上一直偏低。而在一时无法大幅增加投入的现实条件下，要想取得些成绩，就不能不考虑在资源管理与协同上下工夫。卡文迪许实验室的历史上，就曾碰到过这样一个决策资源配置的难题。当时，利用高能粒子加速器进行基本粒子研究是整个科学界的前沿课题，卡文迪许实验室汇集了一大批顶尖的科学家，他们热衷于创始性的研究，所以对这种课题不可能不动心。然而，由于经费不足，实验室的领导人不愿意以捉襟见肘的方式去追赶潮流，经过慎重考虑，最终还是决定把研究方向定位于条件允许又有传统优势的方面——即使研究基本粒子，也可以从粒子在低磁场下的运动着手。结果证明这个处理是非常英明的，它使得这个实验室保持了丰硕的产出。从这个例子中还可看到，资源的利用与目标决策是紧紧联系在一起的，这再次说明对科学家与科研机构的管理是一个系统，各种因素互相牵制、互为因果。

关于治学环境的营造。由于原始创新的诞生具有很大的不确定性，需要长期艰苦的努力，有些甚至要经受严重的挫折。因此一般而言，各国对原始性创新探索的管理都采取比较宽松的态度，不以成败论英雄，不规定硬性指标。许多优秀研究机构对这类工作的管理原则甚至就是“不管理”，只要看准了适合做这类工作的科学家，就任其在自己选定的方向上工作。

贝尔实验室的第二任总裁巴克利（O.E.Buckley）说得好：“挫伤科学精神

的一种肯定方法是企图从上面指导研究。所有成功的工业研究指导都知道这一点，并从经验得知研究指导必须永远不要做的是指导研究，他也不能允许任何督导部指导研究。成功的研究是探索的头脑自己寻找到真正的方向。目标设定后，由建立的团队做它的部分工作，供给他们设施，并给予追求和探索的自由……找到并沿着自己的研究趋向进行。”[①] 德国马普学会的基础研究硕果累累，先后造就了18位诺贝尔奖得主。其成功地诀窍也就在于该学会总部仅进行宏观管理和政策制定，主要研究领域由一线的科学家确定。上面提到的MRC分子生物实验室的创建人佩鲁茨也反复强调，真正激动人心的原创性科学成就是不能组织的，从上而下的指引将抹杀创新，“等级森严的组织，僵硬、官僚的规则，琐碎无用、堆积如山的文字工作都会扼杀这种创造力。”[②]

上述成功的管理经验对于政学混淆和“官本位”等传统深重的我国科学界而言，不啻为苦口良药。有研究指出，我国在科研管理上存在的一个重要不足就在于没有正确理解治学与科研管理的关系：它们不是领导和指导关系，而是如何创造和提供有利于科研的条件和环境，将具体的研究交给负责课题的专家处理，这种处理不是“领导”，而是按研究的需要做应该做的事。管理者要管研究大方向、经费来源和骨干研究人员的聘用和去留，特别是重视科研环境、学风和氛围的营造，在交流和探讨中以及成果发表上创造有利的条件。[③] 而我们一些科研机构普遍管得太细，管理者自己辛苦不说，学者们也不胜其烦。试想，科学家若整日陷入繁琐事务，为杂七杂八的小事操劳或者疲于应付各种检查，哪里再会有去干大事的精神状态呢。对此陈平原言简意赅地指出，“聪明的管理者只做三件事：选人，给钱，然后‘坐享其成’。不管不是不负责任，而是信任你选中的学者，只要求他出成果，出大成果，至于他采用什么方式，让他自己决定。”[④]

从动力学的角度来讲，科研经费数额的增多和优秀创新人才的汇集是作为管理方法的结果而不是原因出现的；反过来，由于管理方法上的缺陷，造成思维短浅、课题分散，难以组织多学科集成的情况也并不少见。因此，识别和贯彻合理

① 阎康年. 中外科技创新文化环境对比研究初探[G]//邓勇. 科学的思维. 北京：科学出版社，2006:165.

② 张春美. 马克斯·佩鲁茨：科学不是一种平静的生活[J]. 自然辩证法通讯，2004（4）.

③ 阎康年. 中外科技创新文化环境对比研究初探[G]//邓勇. 科学的思维. 北京：科学出版社，2006:165-166.

④ 邹承鲁，等. 自然、人文、社科三大领域聚焦原始创新[J]. 软科学，2002（8）.

的管理方法是我们国家很多科学研究机构求得发展的重要前提，不容小觑。

四、平台搭建之维：工具创新

科学在本质上是精神的、智力的，但同时也离不开独特的物质手段。如果把科学思维、科学方法比作认识活动的“软件”，那么，仪器、设备等工具就是认识活动的“硬件”。硬件是软件长期发展积累的物化，软件是硬件应用和发挥作用的平台。它们相互促进，缺一不可。

1. 工具创新与科学生产的互动

一般意义上，人类发展史上任何一次大的飞跃都是由工具的重大创新和根本变革所驱动。作为人类工具的典型形式，科学仪器设备则是催生科技创新的重要因素。“念一念科学史是很有用的”。1979年诺贝尔物理学奖获得者温伯格（Steven Weinberg）的这句话启发我们，在人类用理智描绘出的世界图景被一遍又一遍刷新的过程中，科学工具升级与革新的重大影响清晰可见。

图2-13 17世纪的望远镜

尽管柏拉图曾有“工匠必须成为哲学家，或哲学家必须变成工匠”的格言，但在早先很长一段时期之内，人们仍旧更多地期待依赖智力的力量来完成科学发现的任务。于是，科学仪器的作用被大大地忽略了。16世纪末以前，各种仪器、仪表、试剂多是工匠、药剂师、炼金术者手里的道具而已。

这种情况在近代实验研究确立之后发生了重要改变。毋宁说，只有实验方法被置于科学研究中的关键地位之上，那些工匠手中的道具才有可能成为真正的科学工具。17世纪最重要的科学仪器有显微镜、望远镜、温度计、气压计、摆钟、抽气机等。它们虽不完善，却大大改进了以前仅仅用感官进行过的观察，使科学家发现了以前根本观察不到的新的事实。反过来，新科学最终获胜也主要是因为它有了可以利用的仪器。借助于精密测量，科学家开始在可控条件下研究特定的自然现象。“对各种现象的测量以及把它们定量地关联起来，在近代科学中起了那么大的作用，以致很难设想要是没有上述的和类似的科学仪器的帮助，近代科学会有可能存在。”①

自此，科学进入了一个以普遍和自觉地超越人类作为生物体的自然属性之局限为特征的新纪元。到了18世纪，人们在试图认识宇宙的过程中发展了更为深奥微妙的手段，比如作为标准科学仪器的温度计、精密度空前高的棱镜光谱仪以及用于科学探险的航海时针等。而在19世纪末，“包括X射线的发现在内的一系列发现，完全是由于技术专家发明了合用的真空泵才成为可能”②。

在19~20世纪的转折点上，实验物理学家们使用越来越精密的仪器，理论物理学家们提出越来越复杂的理论，他们相互影响。在早年的核物理实验中，几乎每一步艰苦进展都提出新的探测器问题，“那些发生在微观尺度上，而且经历的时间极为短暂的现象，几乎不可能直接地进行观察。在这样的情况下，仪器便成为理论的物质基础。实验者所面临的问题是如何巧妙地应付那些可能同时被观察到的副作用或者附带的现象。为此，实验者不得不自行设计所需要的仪器。因此从1875年以来，不但所用仪器的规模加大，而且研究机构的规模也越来越大。”③

进入20世纪以后，以科学仪器的突破为转机，产生了很多重大的科学进展，也开辟了大量新的研究领域。尤其是20世纪的后50年，科学的进展如此之大，以至于大多数人认为驾轻就熟地写作一部科学通史不是不可能，就是太过于莽撞。这之中，在量程和精确度等方面突飞猛进的科学仪器对大科学究竟意味着什么呢？结合科学史方面的情况，这里选择了几个典型的例子。

气泡室发明于20世纪50年代早期，也就是物理学领域普遍关注奇异粒子问题的时期。奇异粒子是在使用云室作宇宙射线实验时被发现的，但在实验中很难收集到针对粒子本身的数据。为此，格拉塞于1952年建造了新的探测器——气泡室。尽管工作原理与云室相似，但由于充满液体的气泡室比充满气体的云室的密度高，捕获粒子事件的比例便高于后者。此后，一些个人和团体很快投入到把气泡室发展为实用的实验仪器的工作中，在60和70年代之间，它便成了基本粒子物

① [英]亚·沃尔夫．十六、十七世纪科学、技术和哲学史[M]．周昌忠等，译．北京：商务印书馆，1985:15．

② [英]托马斯·克拉普．科学简史——从科学仪器的发展看科学的历史[M]．朱润生，译．北京：中国青年出版社，2005:248．

理学的主要实验工具。在这些个人和团体中，最著名的是格拉塞本人所在的密西根大学、阿尔瓦雷茨（Luis Alvrez）所在的伯克利以及芝加哥大学的一个团体。与格拉塞保持着小科学的倾向相反，阿尔瓦雷茨研究团体的工作在某种程度上奠定了粒子物理实验的大科学式研究方向。这种研究形式在20世纪60年代逐渐主导了物理学研究领域。①

图2-14　格拉塞和他的气泡室

如果说由于格拉塞的关系，气泡室还只是小科学与大科学之间的过渡，那么到粒子加速器这里，情形就完全不同了。这一发明和它所导致的发现成了理论科学、实验科学和技术科学相互依存、相互促进的一个典型代表。在美国物理学家劳伦斯（E.O.Lawrence）发明回旋加速器以前，科学家只能用天然放射性的α粒子去打击原子核。由于天然α粒子数量少、能量低，所能实现的核反应很有限，总共只了解了26种核反应，得到大约40种放射性同位素。1930年第一台回旋加速器建成，立即开创了实验粒子物理的新纪元。在它投入使用之后的3年间就制出了200多种人工放射性同位素，到1939年为止，研究过的核反应已达600多种。更令人惊奇的是，在使用了加速器的50年中，基本粒子方面的研究成果差不多占了诺贝尔物理学奖全部获奖项目的一半。

图2-15　劳伦斯最初使用的4英寸回旋加速器

粒子加速器的全部情况正如亚伯拉罕·巴伊在其所著《返航》一书中所说："仅仅是匆匆的一瞥远不足以认识其发展过程的复杂性。"②但无论如何都确凿无疑的是，当劳伦斯本人"花费空前的巨资，建造规模极为庞大的仪器时，实际上他是在为'大科学'设定方向"③。即便到了20世纪末，加速器都保持着

① [美]安德鲁·皮克林．实践的冲撞——时间、力量与科学[M]．邢冬梅，译．南京：南京大学出版社，2004:49-50.

② [英]托马斯·克拉普．科学简史——从科学仪器的发展看科学的历史[M]．朱润生，译．北京：中国青年出版社，2005:251.

③ [英]托马斯·克拉普．科学简史——从科学仪器的发展看科学的历史[M]．朱润生，译．北京：中国青年出版社，2005:310.

图2-16 超导超级对撞机部分外观

它原来的基本原理，而规模的增大却使得其学科领域发生了天翻地覆的变化。这里顺带提一下，尽管得克萨斯SSC（超导超级对撞机）建造计划已于1993年3月中途夭折，但这仍然不妨碍它从另一个角度说明这种仪器的重要性。因为它的中断使盖尔曼（Murray Gell-Mann）感到非常失望，他认为这就难以逾越所谓“超间隙”——这一终极的“超弦理论”的核心。

让我们再将目光转向现代科学最重要的工具——计算机。当然，如今别说计算机已作为科学研究中的常用工具了，甚至在生活中也须臾不可或缺。然而，在它以标准化形式问世之前的一大段时期里，人们普遍使用的却是计算尺。1942年费米在观测他的第一个反应堆是否达到临界状态时还在忙不迭地用计算尺作着计算。1936年图灵首先从理论上证明凡可精确形式化的思维推理过程都能在某种机器上实现。随着电子工业提供的技术手段日益成熟以及社会需要的强化，抽象的图灵机后来发展为实用的电子计算机。冯·诺伊曼首先设计了一个构造电子计算机的最优总体方案，即由一个中央控制器按事先编好的程序，指挥一个运算器依次处理各个所需数据。这种信息处理方案仍然为现有的计算机所保留。但最近40多年来，计算机运行的速度和程序的规模一直以指数曲线增长，在当代基本技术的发展中处于持续的领先地位。计算机数据处理能力的增长倍数如此之大，以至于几乎使所有学科在实验和观测中所能取得的成就都以全新的规模随之增长。

图2-17 反应堆实验现场的专家们，那个盯着计算尺的想必就是费米了

最近50年，科学带来了技术产业的新的黄金时代，同时科学的进步也越来越依靠尖端仪器的发展。高档激光干涉仪的生产使超高精密测量和加工成为可能；在亚埃级电子显微镜的支撑下，国际一流的纳米技术也发展到了亚埃级的微观尺寸；而“人类基因测序工程”进展缓慢的困难则因毛细管阵列式基因测序仪的发

明而得到改观，并创造了该项伟大工程大大提前完成的奇迹。从宇宙世界到基本粒子、从生命起源到人类自我认识，一言以蔽之，人类在设计和制造工具方面的创造力先导性地推进了大科学的总体进程，改变了世界文明。

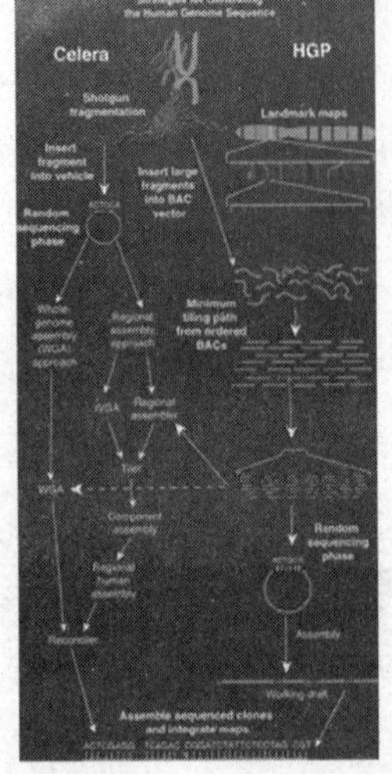

图2-18　人类基因组测序的方法策略示意图

总之，在近现代科学的400年历史中，作为实验方法的基本要素，科学仪器的突破成为科学实验突破的重要方面，并可能以此开拓出新的科学理论研究领域。反过来，这又推动了作为科学成果物化形式的科学仪器的精进。从古代的日晷在文艺复兴时期的欧洲导致了以阿拉伯数字记录下标准的测量结果，到21世纪地下深处装置着CERN[①]粒子加速器的长达26千米的环形隧道，历史的叙述即便采取了极其概略的形式，科学工具的意义也昭然若揭。

其一，科学工具的作用首先在于它能够帮助人们克服感官的局限。在广度和深度上极大地增强认识能力，使单靠感官观察不到的现象显示出来，使过去分辨不清的东西变得清晰，人的认识因而达到新的领域。

感官是通向外部世界的窗户。但是，相对于这个多样性的世界，人类的感官功能是极其有限的，只能接受一定范围内的自然信息。人们不能嘲笑某种鸟类的眼睛只能反映3种颜色，因为人类的视觉器官也只能感受到390~750纳米的电磁波；听觉器官能够感受到的机械波频率也仅在20赫兹~20000赫兹的范围内。因此，在生物进化过程中形成的人类感官本身，对于许多认识课题的解决是不能完全胜任的。例如在显微镜出现以前，对于小于物体的结构，人类的眼力不够，只能停留在臆断和思辨的水平之上。直到借助于显微镜的发明，人类才叩开了微观领域的大门，于19世纪初发现了细胞。

然而，光学显微镜的分辨本领又受到作为成像媒介的可见光的限制，要研究更小的微观世界，必须要借助新的观测手段。20世纪30年代科学家创新性地提出了用电子束替代光波来成像的设想。这导致了电子显微镜的出现，从而使放大率比光学显微镜扩大了近千倍，为材料科学和生命科学的微观研究提供了新的工具。在20世纪结束之前，电子显微镜的放大倍率达到了几十亿倍的水平，扫描隧

① 欧洲原子核研究机构，European Organization for Nuclear Research.

道显微镜（STM）更使原子世界的图景也成为“直观”。在STM基础上，人们又发明了原子力显微镜、磁力显微镜、扫描近场显微镜、扫描光子显微镜、扫描摩擦力显微镜等近20种相关的科学仪器，所有这些强有力的现代工具推动了纳米科学研究时代的到来。

依靠科学仪器，人类获得了单纯依赖感官难以企及的新信息，进而使认识的经验基础不断拓展。也正是在摆脱生理局限、提高观测能力的意义上，科学仪器被贴切地比作人的感官的延伸。事实上，随着科学仪器测量精度的提高与可观测范围的扩展，科研过程对仪器的依赖程度正进一步加深，甚至——由于现代科学实验越来越远离人类的日常经验，由可见的“经典”世界迈进了“测不准”的微观世界和“看不透”的宇观世界——可以这么认为，仪器已经成为科学实验者认识和把握客观世界的唯一现实可能的通道。

其二，科学工具的作用还在于帮助人们改善认识的质量，使对自然现象的定量与精确研究成为可能。

自然界各种物质运动形态的质和量是统一的，只有从数量上精确地把握它，才能深刻地认识它质的规定性。开尔文勋爵（Lord Kelvin）说得好：“如果你不会测量，你的知识就是贫乏不足的。”[①] 可以说，基于测量是科学的最主要的特点。在比较简单的情况下，测量可通过观察将对象进行对照、比较而完成，古代测量恒星光度就是这样进行的。而现代科学严格意义下的测量必须使用物质的研究手段——测量工具和仪器来完成。通过提供比较可靠的计量标准和记录手段，它们能在一定程度上排除感官的错觉和主观因素的干扰，使人们得到精准的定量知识。

这还不够，以目前的情况，测量对科学进步还能够起到引领作用。科学理论的进展，很多都与发现并去除先前理论中偶然引入的不可观测量有关。仪器装备的改进和测量精度的提高所导致科学上重大突破的例子也是不胜枚举。德国物理学家普朗克导入能量子的概念，是从关于热辐射的精密的定量实验中得到的。在丁肇中发现J粒子以前，1970年美国布洛海文实验室就发现过与它有关的奇怪现象，但由于仪器精度不高，当时无法辨认出这是不是由新的粒子所造成的。为了验证自己的设想，丁肇中花了两年多时间特制了一架高分辨率的

① [美]托马斯·库恩．必要的张力——科学的传统和变革论文选[M]．范岱年，纪树立等，译．北京：北京大学出版社，2004:176．

双臂质谱仪。依靠这台仪器，他才得以在1974年发现J粒子，打开了一个新的基本粒子家族的大门。

其三，科学工具以理论与实践相结合的方式促进了科学知识的创造性拓展。作为人对自然过程认识的能动关系上必不可少的媒介，科学工具既是实践地，又是理论地促进了科学知识的生产。

作为一种客观存在，科学工具按照自然界的客观规律而起作用，其对人类认识空间的延伸也是现实的、实践的。科学工具以对自然力的社会的、自觉地运用取代了个体的、自发状态下的经验习惯，使科学活动中的个人技能转化为社会力量，从而提高了科学活动的效率。与此同时，对科学工具本身的操作能够促使科学家进行有效的交流并达成共识，甚至在某些情况下，对基于科学仪器之上的科学实验的一致认同会导致科学共同体的形成。在科学生产过程中，科学家还常常利用以科学工具的实践性为基础的纠错机制，消除盲目的理论预期和缺乏根据的理论判断，不断调整和重构自己关于未知世界的理论解释方案。据不完全统计，一个多世纪以来，诺贝尔自然科学奖项中，68.4%的物理学奖、74.6%的化学奖和90%的生理医学奖是借助各种先进的科学仪器完成的。

另一方面，作为科学成果的外化和物化，科学工具又是理论地起作用的。在科学活动中，人类不是与被研究的对象直接打交道，而是要在研究者和他的对象间发生自然状态下不可能发生的相互作用，就要借助于特定的物质手段。为了构成一个相互作用的链条，仪器是必不可少的，而且对仪器的要求也越来越高，这就需要科学成果的不断补充。利用科学知识的进展，将科学知识外化为技术程序，物化为技术产品。技术程序和技术产品又以一定的形式组合为新的科学仪器，从而可以不断满足深入变革研究对象的需要。

2. 思维创新与方法创新的物质实现

如今作为科学界的一个普遍现象，购置科学仪器设备往往要占去实验室建设投资的很大一部分，每一个国家也都把大型科研仪器设备的自主研发以及科学基础设施的建设作为提升科学能力的重要方面。这一情势，除了科学实验室建制不断成熟和大科学背景下对科学基础设施依赖不断加大等方面的原因，还从根本上表明了科学工具方法论意义。作为思维创新与方法创新的物质实现，科学工具能够通过凝结思维创新和方法创新的全部成果来实现科技创新力量的整体提升。这正是其最本质的方法论意义。

然而，在很长一段时间里，对于科学工具的研究仅作为次要方面停留在其生产、使用、分类及价值的描述性分析上。而科学哲学传统又存在着重理论、轻实验的倾向，所以对于科学工具方法论意义的分析远远不够。细想之下，在西方的哲学精神中，理念和精神总是第一位的。传统科学哲学之所以忽视实验，一定程度上就是由于实验和实验必需的科学工具太“物质化”，不够“理论”。

对于科学而言，这样的传统很有问题。正如人们在日常探究中都依靠于已经习得的知觉技能一样，科学从业者也是以那些非常技能化的复杂而尖端的仪器设备作为认识世界的中介。有人会说，这是技术的功劳，而非科学。殊不知，当代的科学和技术已经紧密融合在一起了。在实验室中，对仪器的设计、操作和控制，对研究对象的显示与识别，如果没有技术的参与是不可想象的。与此同时，科学也并非不介入地、静态地刻画自然。“也有像伏特计和盖革计数器这样的工具，用来探测和测量人们无法自觉经历的现象。对它们‘指针读数’的解释，很明显涉及很多科学理论。为把它们描述为‘观察’，就要把经验论从其本意上延伸出很多。”①

不错，一个精致的工具本身，就是很多理论概念的具体化。或者说，科学仪器的可用性是依靠理论支持的，它的设计、制造更离不开科学思维的运用。在这个意义上，科学实验大师必须对理论融会贯通，并且跟踪理论前沿，否则就休谈研制仪器的可能。另外，科学仪器探索功能的发挥也离不开背景理论的支撑。为了“看到”具有科学意义的东西，一个训练有素的观测者必须能够依据其关于世界的个人经验进行一些理论的细化和延伸。“设计者通过典型地解剖、重组、整合‘对象—仪器’系统，把背景理论及其预测投射到未知领域。这样，仪器就能够在已知物理对称性与正在探索的未知结构相互关联中去暴露先前隐藏的物理特性，也就能够通过仪器的潜在能力与理性的可能，以及测量对象的未知参量与背景理论的内在和外在关联，去揭示测量对象的内部结构”。②随着科学迅速进展，科学仪器及实验与理论的关系问题愈发成为科学活动的根本性问题。主体对实验现象的建构性不断增

① [英]约翰·齐曼．真科学：它是什么，它指什么[M]．曾国屏，匡辉，张成岗，译．上海：上海科技教育出版社，2008:109.

② 肖显静，郭贵春．仪器实在论[J]．自然辩证法研究，1995（10）．

图2-19 世界上第一台X射线仪

强，科学仪器也朝智能化方向发展。这时，科学工具更是凝结了科学思维的精髓。

与此同时，作为成熟方法和技术的物化，科学工具的创新还离不开科学方法与技术的创新。比如，先是有了色谱学，才有色谱分析仪器；先有了极谱法，后才出现了极谱仪；先发现了X射线的衍射现象，后才诞生了X射线衍射仪。而且，方法和技术的创新性往往决定着科学工具的水平。因此，新方法和新技术的研究对科学工具的发展至关重要，应特别倡导开展对科学工具的新原理、新设计和新工艺的研发。

还需指出，科学工具发展中凸显的一体化特征也正是科学理论和方法集成性的体现。通过对科学创新的技术性支持，科学工具正日益成为集成不同研究领域之巨大力量的重要通道。作为物化的知识体系，科学工具以集成性的方式凝聚着与之相关的各种不同理论或方法。因此，应用科学工具便意味着对这些理论或方法的综合利用。正如拉图尔所说："通过借用已确定的知识，并把它与各种设备和操作程序结合在一起，实验室就可以利用数十个其他研究领域的巨大力量实现其目标"。①

而在推动科学进步的意义上，科学工具既是科学理论和技术创新的前提，同时也是创新成果的重要体现形式。作为创新成果的主体，科学工具的创新往往还是最有价值、最具活力、最有竞争力和发展前景的创新。一个世纪以来，就有50多位科学家因为在科学仪器方法和技术方面的直接成果获得诺贝尔自然科学奖。其中，1/3以上的诺贝尔物理学奖、化学奖和生物医学奖颁发给了那些在电子显微镜、质谱仪、CT断层扫描仪、X光物质结构分析仪、光学相衬显微镜和新开辟领域的扫描隧道显微镜等科学仪器及其方法技术方面有杰出创新的科学家。

总之，科学工具必须与科学思维和科学方法一起，才能构成事情的全部。离开现代化的科学仪器和设备，科学创新就寸步难行。而科学思维培育不足、科学方法研究与应用不够，不仅会导致拥有自主知识产权的科学仪器的匮乏，影响创新力量的整体提升；而且还会直接影响科学工具的利用效果。应该说，我国某些

① [法]布鲁诺·拉图尔，[英]史蒂夫·伍尔加．实验室生活：科学事实的建构过程[M]．张伯霖，刁小英，译．北京：东方出版社，2004:54.

重点实验室的装备在世界上已经处在了较先进的水平，但正是由于缺少先进学术思想的支撑，形成了设备先进但科研水平不高的窘境。综观而知，当代创新方法的建构要始终围绕科学思维、科学方法和科学工具三个层面同时展开。

下面以电子计算机为例，具体讨论凝结了思维与方法创新成果的科学工具到底如何彰显其方法论意义并大放异彩。

有人认为可以将计算机与科技创新的关系看做一个有趣的螺旋：计算机及信息技术本身是科学研究的成果和科技革命的产物，集中地体现了科技创新的特点；而其迅猛发展与广泛应用反过来又对科技创新产生了革命性的影响，直至成为了以物化形式表现的科学方法。自计算机诞生并日益成为科研的重要手段以来，科学方法就不断地呈现出新的面貌和特点。2002年英国前首相布莱尔（Tonny Blair）在其著名演讲《科学至关重要》中，谈到新兴的网络化科学（e-science）正在改变科学研究工作的方式。美国一个研究小组在向国家科学基金会递交的专门报告中也认为，在计算机和通信技术进步的推动下，一个新的科学和工程研究时代已经到来了。的确，计算机的出现使科学家从此不必再埋首于二维的文本纸张，而可以在三维的信息世界中自如游弋。作为这种科研方式的后果，一来“可以辅助科技工作者承担一般性的工作任务，将其职能主要转向从事创造性劳动”[①]；二来可以利用计算机仿真从事具体的科学研究和工程运作。

计算机的出现使得虚拟实验和虚拟方法成为一种新的实验形式和研究方法。在计算机普遍应用于科研以前，科研活动受到很大的局限，很多先进理论不能应用于实践检验，有些实验甚至根本无法进行。随着科学技术的深入进展，当代科学研究已知的时空尺度跨度差不多已达到10的正负40次幂数量级：时间跨度从几个微秒的原子核聚变到历经上百万年的生命进化和几十亿年的宇宙爆炸，空间跨度从基本粒子的相互作用到广袤浩瀚的宇宙星系。在这些过程中因素众多且关系复杂，很多问题都超出了传统实物实验与思想实验等科研手段所能发挥作用的范围。这种情况下，只能借助于计算机仿真。

计算机仿真允许模拟几乎任何人们可能希望研究的复杂的情况。宇宙大爆炸理论就是先利用计算机的仿真得出了一些与天文观测相一致的推论，后来才由霍金在理论上给予证明并被观测所最终证实的。还有现在热门的人工生命，也是用

① 吴永忠．科技创新趋势与国家科技基础条件平台的建设[J]．自然辩证法研究，2004（9）．

计算机仿真验证了普利高津的“从混沌到有序”。而在航空航天等很多大系统的研制中，计算机仿真也是大有用武之地。以前有一种说法叫“画加打”，即先画图设计再加工试制，然后进场打靶。这导致大系统研制周期长、效率低、成本高，性能也很难上得去，借助于计算机仿真就能有效地解决这类问题。目前看来，结合了硬件、系统软件以及仿真软件的计算机，已经成为信息时代认识世界的新中介。它打破了传统的实验手段，也打破了仅仅依靠人的大脑思维的模式。正是在这个意义上，有不少人主张应将其列为继理论研究和科学实验之后的第三类方法。[①]

从信息化的角度去看，传统科研活动的另外一个缺陷在于其封闭性。由于信息交流程度不够，历史上才有许多人几乎同时独立地作出同一个发现或发明。如今，信息通信技术的发展使得科学发现的传播异常迅捷，这样就会减少很多不必要的重复劳动，取得突破的时间也有可能大大提前。与此同时，信息通信技术的应用也为数据交换、论文撰写、仪器设施共享提供了便利的手段，克服了科技工作者在知识生产环节进行互动的空间阻隔，使科学生产在世界规模上加以组织变得可能。如今，全球范围内的“合作实验室”（Co-laboratory）方兴未艾。这是一种可以让任何领域的科技工作者都能进入的虚拟的研究实验室，数据、仪器、实验结果等一应俱全，又被称为“没有围墙的实验中心”。而另外一种网络化科学网格（e-science grid）技术的发展，则可以使科技工作者像通过Web存取数据那样，方便地利用计算能力、科学知识库和实验设备。

应该看到，计算机和网络不仅深刻地改变了传统的科研方式与工程运作，作为一个重要平台，它也基础性地构建了技术创新的发展形式。比如，利用计算机工具和信息技术，产品设计的发展呈现出智能化、虚拟化、协同化的趋势。各种计算机辅助设计技术，如CAD（二维、三维的设计）可以方便实现变型设计、参数化设计，还有计算机辅助工艺设计（CAPP）、计算机辅助工程（CAE）、计算机辅助制造（CAM）等。这些技术对于产品的创新开发是非常有效的。所谓虚拟化设计，是在计算机上把制造过程以及产品性能等所有问题都尽量考虑到，如同作一台数字的样机。协同化不仅可以让多学科专家在网上实现异地设计，也可以实现用户参与。并行工程是支持协同产品开发的一种方式。在传统的串行产品

① 中国科学技术协会学会学术部．仿真——认识和改造世界的第三种方法吗[C]．北京：中国科学技术出版社，2007:32.

开发流程中，设计与制造是两个独立的功能部门，由于缺乏支持协同工作的计算机与网络环境，设计阶段往往不考虑或很难考虑装配和制造中产生的问题，所以会频繁地修改方案和工艺设计。而并行开发流程在设计时就可以考虑后续环节可能出现的问题，进行可装配性设计（DFA）、可制造性设计（DFM），这就大大减少了产品研发中的反复与改动，缩短了研发时间，减低了研发成本。

计算机工具对技术创新形式的改变具体是通过编码的反馈和调整实现的，在节省实际生产一个建构的巨大投资方面立下了汗马功劳。简单举个例子，以前零件的制造大都是先由工程师设计了图纸，然后按照图纸制造工艺装备，再通过工人进行车间生产，生产出来后完成装配。如果装配发现零件配合不好，就要从头再来，非常耗时和浪费。现在，所有这些都可以在计算机上面进行了：零件的形状可以用计算机进行仿真，它们之间的受力情况和装配结果可以通过计算机进行分析和预测；甚至可以进行反复的优化和改进，最后才拿去实际制造。整机同样如此。对于那些像光机电一体化的复杂产品来说这就更加重要了。并且，技术创新者也可以在不必生产出一个原型的情况下，围绕自己的设计而与其他人展开充分的交流。

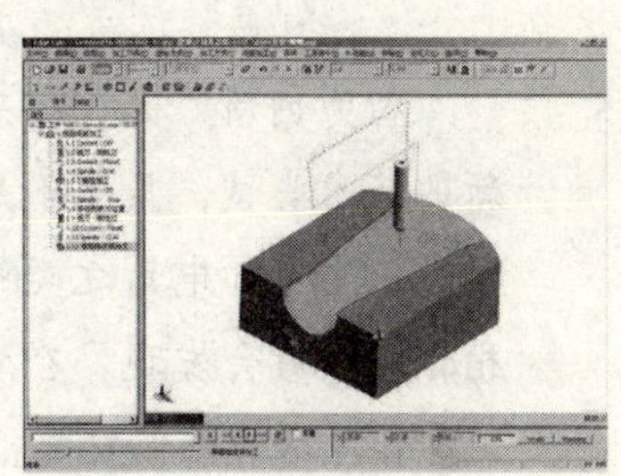

图2–20 设计制造实例：燃烧装置中的喷嘴零件

第三章
创新方法的规范性研究

> 智力创新，无论它来自于发现还是发明，或者来自于为美而进行的新的艺术尝试，虽然不是唾手可得，但也绝非完全随机、没有任何规律可循。当诸如电话之类的发明面世时，只要对与该发明有关的技术文献稍作考察就会发现，在众多文章与专利申请中，都能找到其他形形色色可称作电话的类似发明。
>
> ——维纳：《发明：激动人心的创新之路》

一、创新方法研究之历史演变

如果注意到近代以来的认识论、方法论几乎完全是与科学的发展相平行的，而且科学方法总是作为最典型的创新方法而受到普遍重视，那么，为了创新方法的当代研究而细致地考察一下以往科学方法论的历史得失便是极为必要的了。

1. 辩护主义的科学方法论

科学的巨大进步和对人类社会生活的广泛影响，在人们的心目中形成了科学是理性事业的信念。人们将可检验性、客观性、公正性、必然性、无错性、进步性等等这一类的特征纷纷归属给了科学。这便构成了传统的科学形象，而该形象认识论的部分又与方法论的部分相互关联、密不可分。

西方自古希腊时代起就开始了对科学知识的“理性的哲学考察”。古希腊哲学家通过对逻辑方法、概念方法、数学方法及公理方法的发展，“把从古埃及和古巴比伦传来的科学大大推进，使之进入包含知识和方法论两大部分的境界，从此走上久远的发展道路。”[①]

经过培根和笛卡儿，近代科学完整的方法论基础得以奠定。不过必须清楚，在他们那里更多地仍然是制定方法原理本身，对方法的有机整体作出哲学考察的则是休谟和康德等人。无论如何，近代哲学实现了从本体论向认识论的转向。随之，作为逻辑学、认识论和知识论观念的实践形态，科学认知的方法也成为哲学家和科学家逐渐关注的对象。在逻辑学和认识论中对认识规律性的理解，在方法论中则转变为对科学认知活动的程序性和规则性的规定。但总的来说，这一时期的方法论考察在很大程度上是同认识论交织、糅合在一起的。

随着20世纪以来现代科学的日臻成熟，人们在理论和实践两方面有意识地把握现实的能力愈渐发达，纯粹形态的科学方法论也就出现了，其活跃局面还一度使整个西方哲学的其余部分相形失色。然而，即便是以所谓“纯粹形态”开始了独立研究的现代西方科学方法论，在其精神主旨上也并未摆脱传统科学形象的合理性预设。既然传统的科学形象把认识论目标确定为扩充正确无误的知识，那么相应地，科学方法论的任务在于其所设定的程序与步骤能够保证科学成为合理性的典范。那些归为“实证主义者”的哲学家们大致花了一百年的时间，就是试图运用诸如“方法”之类的概念从非科学中分离出科学。某种意义上，通过确定科学与人类其他知识的不同之处或“高贵”之处，为科学是最完美的人类知识作辩护正是这一时期科学方法论的全部任务。考虑到这一点，不妨将它称为辩护主义的方法论。

“科学方法详尽地包含了合理性本身”[②]。恰如普特南（H.Putnam）认为，在标准科学观那里，科学合理性就在于寻求科学知识体系的基础在经验证据和逻辑方面的理由，并拥有科学方法；遵从这些方法，科学就会取得成功。于是，这种基于经验的逻辑统一性就成为西方近现代科学主要的方法论背景：一方面，尽可能完备地理解全部感觉经验之间的关系；另一方面，通过最少数的原始概念和原始关系的使用来达到这个目的。而相应的，建立在经验主义原则之上，以寻

图3-1 希拉里·普特南

① 周昌忠．西方科学方法论史[M]．上海：上海人民出版社，1986:序言1．

② 王善博．科学合理性[M]．济南：山东教育出版社，2005:160．

求科学认知的逻辑图式为旨趣，也就成为辩护主义科学方法论的两大特征。

其一，辩护主义科学方法论以经验为合理性的最终标准。一切关于实在的知识，都是从经验开始，又终结于经验。把经验的实在客体同形式体系的概念框架对应起来，这就是所谓的经验标准，或是科学方法论术语所说的可检验性原则。其二，辩护主义科学方法论以逻辑为合理性的基本形式。依靠逻辑来设定科学的目标和向度，是辩护主义方法论的重要特征。逻辑性思维蕴涵着一种超越历史的企图，通过把科学探索的内容限制在研究各种命题的逻辑特征之中，将历史的经验成分在科学的理解中抹去，最后只剩下一切理论都应具备的、永久不变的公理结构，从而达到一劳永逸地追求确定性知识的理想。总之，在辩护主义方法论看来，为科学理论的确证提供超越历史的和规范的逻辑方法论是科学哲学的主要目的。据此，它独立于主体心理，排斥科学发现，轻视科学实践，并游离于社会学的分析。

首先，辩护主义方法论只关心证实新观念的方式，但部分放弃了对科学家产生新观念的实际过程进行理性的重建。科学发现问题本来是科学方法论关注的焦点，但这种热情到20世纪初便冷淡下来。因为人们发现，自然科学中那些革命性的进展并不是按照科学哲学所给出的发现模式即归纳逻辑而作出。既然在揭示或建立一种导向科学发现的逻辑程序、一种理性“机器”的意义上，科学发现问题的探讨是失败的，逻辑实证主义索性彻底放弃，把“发现的前后关系”交给心理学家和社会学家研究去了。受其影响，科学发现问题长久地游离于科学哲学的视域之外。盖因如此，科学方法论的研究对可证实性、可确认性、可证伪性、逼真性、经验性等讨论较多，对创造性谈论的就很少，而对主体的、心理的因素基本采取了流放的、排斥的态度。然而，鉴于人类认知的一个重大特征恰恰在于在形成有意义的概念和进行推理的过程中，人类的生理构造、身体经验和丰富的想象力发挥了重要的作用。显而易见，科学发现问题未被解决，科学方法论的研究就必然有缺失。

其次，辩护主义方法论注重科学认识逻辑和理论思维方法的研究，忽略了与科学实践的结合。在科学哲学中，传统的基本出发点是把科学解释作为考察的重点。科学解释的理性在于从事实出发，通过归纳推理形成规律，构造理论系统来说明一切现象。体现在方法论上，就格外注重科学的逻辑推理和理论思维。长久以来，科学方法论一直试图寻找符合逻辑规律的新规则和标准，以期用含有坚定的、不变的和应绝对遵守的原则的方法从事科学研究，从而使方法论变成越来越脱离科学实践的“理性”产品。表面上看，方法论研究中不断增加着技术性和准科学的专门术语，造成了一种蓬勃进步和精益求精的印象。在一致性和简单性等意义上，这样的方法论甚至可以被当做是另一种可能的纯粹形式系统。然而，其中不可忽略的问题在于，这种方法论处理的前提是任何对象都是可以简单化的，但在科学实践中，有些现象本质上就是复杂的。即便在某些情况下适当，也还是很难将这种方法论作为科学家在科学发现中所实际遵循的逻辑宏图，因为它在根本上缺乏与科学家科研活动之间的紧密联系。事实上，随着科学实践哲学以及关于当代科学知识生产方式研究的深入，试图借助于超越研究实际的这种方法论来理解科学并使科学驯服于这种“理性”标准的做法，显然也并没有坚持多久。

最后，辩护主义方法论总是把重点放在知识体系本身的分析上，较少去考察认识过程的社会机制，也并不太顾及认识主体的社会关系。科学认识中，包含有严格规定内容的客观真理当然重要，但达到真理、使观念符合实在，却是一个过程；而且科学发现作为一种社会认识活动，它的形式和结果也具有一定的相对性。因此从某种程度上说，科学认识的主体、科学本身的社会结构对于科学的发展所具有的实在作用并不容易取消。那么，科学方法论对科学知识的发展学说，如果仅仅集中于分析认识的对象、工具以及成果，或者只是研究借以获得科学知识的那些社会条件，必定失之局限。实际上，现实中的知识生产在社会形态上表现为某种职业组织。由它们控制着研究设备，确定什么是有意义的课题，并在相对独立的条件下决定自身的工作程序；它们之间的竞合机制又在结构上保证了学术的自由；同时，作为社会确认问题的知识评价亦是由这种特殊类型的社会群体按照某种特殊类型的社会体制进行的。基于此，科学方法论就应转向注重社会学的分析，为从社会学的角度探讨科学发现及其确认规律努力。

实际上，在科学不断发展的情势之下，科学哲学的理论思维早已走在了逻辑实证主义的前面，方法论自然也有了一些引人注目的转向：从程序化到随意性，从单向到多元，从理想化到可操作性，从普遍性到地方性，等等。正是这些转向，引导了科学方法论下一步发展的轨迹。

2. 现代科学方法论的新视域

科学的进步及其成果在科学方法的框架上打下了极其深刻的烙印，并引导出它的基本轨迹。20世纪70年代以来，科学方法论从阐明科学探索过程中各种要素的意义、剖析科学理论成品的逻辑本质，逐渐走向以借鉴多种思想资源为基础的心理学的分析、实践论的审视及社会学的处理。从整体上看，这一时期的方法论研究是在一种新的思想构架中展开的，已悄然显露出当代视域下创新方法研究的端倪。

主体创造性被强调

随着20世纪初经典力学的瓦解，人们不仅看到了一个曾经辉煌的科学时代的完结，更重要的，是看到人类的创造性在理解世界时会有如此之巨的作用。

事实上，作为20世纪物理学革命的先驱和现代科学方法的滥觞，批判学派的方法论贡献中已经难能可贵地包含了诸多现代的意识酵素。像马赫的感觉的分析，彭加勒（Henri Poincare）关于直觉、科学美、数学发明的心理机制的论述，迪昂（Pirre Duhem）的整体论和历史主义的方法以及对卓识的深究，奥斯特瓦尔德（Wilhelm Ostwald）在研究中主动变换角色的实践，皮尔逊（Karl Pearson）的怀疑批判风格及对想象力和审美感的倡导等，都是别开生面的方法论探讨和尝试。遗憾的是，逻辑实证主义对科学哲学本身的实际历史传统仅作了片面的继承，他们更多地得益于希尔伯特（David Hilbert）、皮亚诺（Giuseppe Peano）、弗雷格（Gottlob Frege）、怀特海（A.N.Whitehead）、罗素（Bertrand Russell）、维特根斯坦（Ludwig Wittgenstein）等数学家所获得的成果，对自然科学家的方法论意见便在某种程度上加以延宕了。

直到20世纪50年代，随着科学发现问题被提到科学哲学的议程之内，对主体创造性的考察才被突出地提了出来。劳丹（Larry Laudan）建议在发现的上下文和证明的上下文之间增加一个“探求（Pursuit）的上下文”；汉森主张所“见”之物依赖于“概念的格式塔构造”，从而提出了“观察渗透理论”的新认识论；库恩则提出了科学研究中的两种思维方式，即发散式和收敛式思维。

鉴于科学家的思维程序并不完全受制于逻辑规则，非逻辑的心理活动便不得不愈发地被纳入考察之中。在较为边缘的意义上，玛丽·海丝（M.B.Hesse）已经注意到了类比、模型、隐喻对科学知识的发现和增长所具有的实际效用。在对现代格式塔心理学认同的基础之上，迈克尔·波兰尼投入到对知识的本质、技艺和科学发现的本质等方面的哲学研究中，而在展示他研究成果的《个人的知识》中，意会知识相对于言传知识具有更大理论上的优越性。马里奥·邦格（Mario Bunge）根据现代心理学研究的结果正面阐述了直觉的实质、形式及各种认识功能，还着重分析了创造性想象在科学研究中的重要性。可以说，这些研究都给科学方法论带来了新的视野，使人们开始注意推理手段以外的认识维度。

图3-2 费耶阿本德

最后，费耶阿本德将方法论中的非理性因素抽取出来贯彻发挥，并达于极致。他指出，感性、逻辑和理性都不可靠，凡是在科学上有所突破的进展，都是由于违背它们而取得的结果。费耶阿本德用他的非正统观点提醒人们去广泛考察一切具有方法论意义的因素。在他看来，部分地正是由于偏见、激情、奇想、谬误、顽冥等这些长期被人们忽视的非理性因素的为所欲为，科学之树才能如此长青。①

走向科学实践

逻辑的科学哲学坚持一种对内在于科学探究之中的普遍逻辑的理性重构，但这种工作精神很难与科学家的实践活动一致起来。因此，新的方法论研究赖以建立的根据是关于经验科学所由建立起来的过程的描述性说明。换句话说，在这种研究途径下，不同方法论要素的功能不再被抽象地加以研究，而是从科学家本身的实践中给予探究。②

从库恩开始，科学哲学才昭示出一条在广阔的历史丰富性中把科学当做活动的道路来探索的方法论。以往的科学哲学，试图通过认识论的考察而先验地为科学研究活动设定规则。但在库恩看来，逻辑永远不能替代历史；为了真实地理解科学，适当的做法该是以自然主义的方式把真实的科学实践过程展现出来；在此基础上，社会的、文化的、经济的乃至于政治的资源和条件均可以成为知识的根据。

① [美]保罗·法伊尔阿本德．反对方法——无政府主义知识论纲要[M]．周昌忠，译．上海：上海译文出版社，1992:124.

② 李创同．科学哲学思想的流变——历史上的科学哲学思想家[M]．北京：高等教育出版社，2006:267.

如此，科学才渐渐从理论优位的表象主义传统中摆脱出来，开始变成一项情境性的事业。在本体论的意义上，从仪器的建造，实验的设计，理论的说明到与管理者、出版商、基金会的谈判，科学并非以非参与性的姿态客观地表象外部世界，它还具有介入和改造世界的功能，或者说，科学不仅仅制造着知识，而且改造着对象。对象的形态、性质和功能均需置于具体的科学实践当中方能理解，也只有在参与和改造中才能获得对世界的认识。从认识论的角度，科学哲学一旦把科学理解为一种实践过程，便会要求关注现实中的科学，关注科学家实际上在做些什么，关注科学实践中各种各样因素的介入，关注实践活动运作于其中的学科资源的实质意义。这样，自然物、科学仪器、社会关系、地域因素、传统文化资源等所有可见社会与文化的因素及其相互作用，都进入到哲学研究的视野之内。

20世纪70年代之后，对于科学实践的研究异彩纷呈，以布鲁尔（David Bloor）、巴恩斯（Barry Barnes）为代表的爱丁堡学派从宏观的角度对科学知识进行了卓有成效的社会学分析，确立了科学与社会的内在关联性；以拉图尔（Bruno Latour）和塞蒂纳（Karin Knorr-Cetina）为代表的实验室研究则对科学家的实践活动展开了微观的人类学研究，并从本体论上对科学实践作出了建构论阐释。另一方面，以拉图尔和卡龙（Michel Callon）为代表的巴黎学派的行动者网络理论，皮克林（Andrew Pickering）在后期提出的实践的绞合，芭拉德（Karen Barad）对科学“互动”的研究，以及劳斯（Joseph Rouse）对相关成果所作的哲学综合，所有这些努力共同推动了科学实践哲学的发展。①

在方法论的意义上，科学实践研究这一视野转换的影响是巨大的。首先，它意味着，方法研究需要将科学实践的情境性条件融合进来考虑问题，否则就无法真正理解科学活动的进程与方式。科学的实践背景既是科学自身发展和文化选择的产物，同时也是方法创新得以进一步发生的与境偶然性。甚至可以说，科学之所以具有构造“新”方法的能力，就在于科学“进行中”的特性、实践特性以及科学实践背景的不确定性。其次，它还强调技能性要素在科学创造过程中的本质意义。如果将实践能力确定为主体的本质，那么知识的观念也将从表象主义的所知（know -that）走向介入主义的能知（know-how），即认识活动不能仅以静态的方式展开，而总是伴随着实践的介入。另外，按照实践哲学的观点，在把科学

① 孟强．从表象到介入：科学实践的哲学研究[M]．北京：中国社会科学出版社，2008:27.

当做一项实践活动的同时，其实也已经暗暗预设了科学实践与权力的内在关联。在资源与力量较量的意义上，科学实践内在地就是一种创造性的力量，只有参与到这个活生生的“权力游戏”中去，并对这项权力运作的事业如何展开有一定把握，才不会最后丧失科学的话语权。

科学方法论的社会学化

近些年来，科学方法论不仅关心科学认识的内在活动，即从狭义的认识论角度进行考察，而且着意科学认识的外在活动，即从广义的社会学角度进行分析。这大大地扩展了科学方法论的传统视角，在认识论问题中成功地加进了社会学的处理。

这个趋势的牵涉面很广，但起初仅在科学哲学内部发生了比较纯粹的科学共同体研究。应当说，在使社会学与方法论实现衔接方面，库恩提出的科学共同体概念功不可没。在库恩看来，科学发展中的实在因素中首要的是科学共同体，它与一个主要的科学方法论范畴——范式在逻辑上等价，抑或说范式就是科学共同体的信念。这便在科学方法论研究中形成了一个卓有成效的视角转换。作为一种寻求真理的社会活动，科学在社会形态上表现为科学共同体这样的职业组织。而在某种意义上，也只有科学共同体产生并确认的东西才是科学知识。“既然科学共同体的组织情况对知识的生产和评价、对真理的确认起着决定作用，它成为科学方法论的新课题是一点也不奇怪的。”①

图3–3　托马斯·库恩

就这样，20世纪60年代兴起的历史学派在广阔的历史丰富性中提炼出科学在社会学意义上的结构模式。不仅如此，与正统科学哲学将科学活动看做一个封闭系统，否认社会因素对科学的重要作用不同，历史学派的另一个重要特征，是把科学活动当做一个开放性的人类知识系统，广泛探索科学发展与各种社会因素的相互影响。

20世纪后期，之前被看做是科学哲学内部的相对主义对正统科学观挑战的某些观点，还影响到了某些哲学的交叉领域。大部分社会学家欢迎库恩的著作，因

① 刘大椿．从中心到边缘——科学、哲学、人文之反思[M]．北京：北京师范大学出版社，2006:39．

为它打开了进入科学内容与方法的社会学解释的大门。而当社会学家把科学作为一项普遍的社会活动重新概念化时，科学知识生产过程中的社会因素就成为建构科学的主要部分，从而走向了认识论和方法论的相对主义。在批判默顿传统和正统科学传统的基础上形成的科学知识社会学，怀着代替科学哲学的博大抱负，将其研究纲领定位于相对主义知识观。同样激进的女性主义者、多元文化主义者、文学理论家、修辞学家以及在严格的科学哲学圈子之外的哲学家，也将很大部分的精力贯注在主流科学哲学的难题之上。

3. 科学方法研究与创新方法研究

科学方法研究源远流长。西方自2000多年前的古希腊时代起就出现了最源头的对方法的直接研究。亚里士多德的《工具论》集古代逻辑方法之大成。培根所著《新工具》和笛卡儿所著《论方法》作为近代科学完整的方法论基础，奠定了其后200年科学方法的格局与图式。进入20世纪以来，在以探寻科学知识的可靠性和科学方法的有效性为目标的科学哲学成为一个专门的学术领域之后，更是出现了逻辑实证主义、批判理性主义、历史主义、约定主义、自然主义等方法论学派，进一步将科学方法研究推向深入。

从这个基本脉络，可见方法论的研究是有“韧性”的，会随着科学的发展而发展——科学进步的道路没有尽头，方法论的探索也就没有极限。而另一方面，方法论无论怎样发展，始终都会从传统中汲取养分。当下作创新方法的前沿探讨，势必也要基于以往科学哲学与科学方法论奠定的基础。

在此前提之下，对以往科学方法研究又不可等量齐观。细致划分起来，如果说正统科学哲学与科学方法论对创新方法研究的意义在于传递了某种共同的精神基底，那么，历史主义以后出现的方法论立场和态度却为创新方法研究积累了更可宝贵的思想酵素。它们对于创新方法研究的价值是有差别的。这种情况之下，区分以往科学方法论不同阶段、不同特点研究成果的价值差异，使其各自得到恰如其分的利用就成为往下要做的首要工作。

在过去的几百年中，科学已经成功发现了大量有关这个世界及其如何运行的东西。无可否认，逐步造就人类认知能力的，正是以往科学方法研究所总结的那些推理模式和程序。从这个意义上说，科学方法论历史上长期在逻辑学的怀抱中成长和发展，并不是偶然的。而对于这些所有严格探究都共通的推理模式和程序，创新方法研究无论如何都不能弃之不顾。

尽管如此，创新方法研究与之更为契合并能受其较大影响的，却主要是历史主义及其后出现的批判式和多元化的方法论反思。甚至可以说，正是从这一阶段的方法论探讨当中，当代科学家、科学方法论家和科学哲学家获得了建构创新方法的思想来源。

如所周知，人们若干年来一直寻求建立一套普遍的方法论规则，诉诸于它，能够达到认识的共同基础或形成最终基础的假定。然而，这种一劳永逸的理想始终没能得到永久性地实现。从古代到近代再到现代，方法论手段一直处在急剧的分化之下。如今随着科学进展的深入，指引人们由已知到未知的途径更是愈发复杂，那种在基础主义意义上为科学事业建立唯一合法和标准化方法的构想也就越发成为泡影。

在这种情形之下，一部分“另类”科学哲学家——尤以费耶阿本德为代表——于是对所有想保持科学方法特殊地位的尝试提出了挑战。他们利用科学史上那些通常被认为是最能体现重大进展的事件都与标准的对科学方法之哲学说明不相符合的情况，主张要完全放弃科学是按照某种特殊的方法进行的合乎理性的活动这一思想。客观地讲，对于科学方法传统解释所遇到的困难，费耶阿本德的反应略过激进，但恰恰是他所发起的这场反对方法的战斗，以及其中所包含的合理、宝贵的思想，才使得创新方法的研究有了可能的基础。当然，区别于费耶阿本德对反对方法的论点的回答是假设不存在任何方法。创新方法研究所主张的出发点，是坚持科学中存在着一些方法与标准，但它们是可变化的，而且这种变化会使方法变得更好。按照这种主张，创新方法研究便能够在发掘科学方法之变化的同时，又避免极端的相对主义。

事实上，随着为科学辩护的初衷在整个20世纪科学哲学的发展中遭到背离，科学方法论最终也转变成了至少具有三个变种的反方法论模型（counter-methodological model），即无政府主义的模型、社会学的模型以及后哲学的模型。[①] 无论如何，这些反方法论模型所不予附和的并非是方法本身，而是传统意义上的方法论理想；它们也不是要取消方法，而是坚持方法的多元性，强调各种

① [意]马尔切洛·佩拉．科学之话语[M]．成素梅，李洪强，译．上海：上海科技教育出版社，2006:10.

方法之间没有优劣之分，高低之别。基于这样一个前提，反对方法论崇拜的观点在创新方法的当代研究中重获价值，便是顺理成章的了。

按照与此相同的道理，那些突破了科学辩护立场之局限，更多强调科学创造过程和实际经验的论述，也是构成创新方法研究基础的主要部分。20世纪，伴随着科学的迅猛发展，科学家对科学方法的近距离考察再一次升温，不断有新著问世。特别是20世纪后期以来，科学方法论领域的一系列重要变革，突出表现在人们日益从以理性为主导的、以逻辑推理为基础的研究进路中解放出来，高抬非理性主义、直觉创造和非常规的创新方法。如今看来，科学方法论这样一种总体的走向，也为心理学、社会学、创造学、系统科学、认知科学等在方法研究中的应用开辟了道路。这些分布在不同学科的丰富的知识养料，被汲取在创新方法的前沿研究中发挥了重要作用。例如，在心理学、社会学等人文社会科学领域，结构主义、行为主义等各种思潮的兴起为创新方法研究提供了新的视角，而以系统科学、复杂性理论、认知科学等为代表的交叉学科也为创新方法研究开辟了具有启发性的路径。眼下创新方法的综合研究，就是要在跨越自然科学方法论、人文社会科学方法论和思维科学方法论的广泛领域中整合所有创新方法资源。另外，像决策论、领导科学、管理科学、运筹学、博弈论等学科或理论的既有研究成果也都逐渐地被包括进来。

二、创新方法理论之可操作模式

过去几个世纪里科学所经历的重大实质性变化，成就了今天的“大科学时代”。在这样一个时代，科学家不再单纯为了精神上的认知目的以一己之力追求真理，发明者作为具有新奇创意的、孤独的奋斗个体的传统形象也被彻底颠覆。从爱迪生到西门子再到贝尔，一个越来越明显的事实就是，大量的发明绝不可能是随意的积累。究其原由，除了由数以千计的专业技术雇员组成的科层制的创新机构以外，最值得注意的，便莫过于对他们由以作出成功创新的可靠方式的揭示。科学创新果真有规律可依循吗？大量发明背后也确有机制在起作用吗？某种程度上，创新方法理论的某些可操作模式可以告诉人们一些秘密。

1. 若干有代表性的创造技法

创新方法研究不仅于哲学思辨层面进行理论的审视，还执著地指向实践中问题的解决，以缩短探索过程、提高创新效率为目的，利用创造活动的客观规律总结而成的有利于导致创造性成果的途径、手段和方式的总和，就是所谓的“创造技法”。由于有着极强的实践性、指向性和可操作性，创造技法甚至可以在其理论研究还不是十分成熟的情况下风靡世界，成为人们从事创造活动的行动指南。

当然，即使作为可操作的方法，创造技法其实也并不适合被理解为进行创造活动的程序性技法，也不是必然导致创造性成果的固定程式。或者说，创造技法的作用尽管是不可忽视的，但这种作用并不是一定直接导致创造性产品的出现。根本上，创造技法的实质在于激发创造性思维的产生。创造性思维是逻辑思维与非逻辑思维的统一，其产生需要许多特定的条件，创造技法正是促进这些条件形成的方法和技巧。而在促进创造性思维形成的条件中，最重要的就是要调动主体的非逻辑思维。但是由于非逻辑思维非常复杂，没有一个千篇一律的逻辑程序，因而，创造技法也十分庞杂，没有一个相对固定的模式。

创造技法的作用不宜绝对化，还在于创造技法的掌握不仅仅依赖于对它的认识与理解，更重要的是要实践和体悟。另外，在创造技法从理论转化为实践的过程中，其掌握和运用的效果主要还取决于创造者个体的知识背景、经验水平、能力结构、素质高低以及人格、社会等因素。但无论如何，创造技法在打破创造的神秘感，建立普通人的创造观方面意义重大。在某种程度上，它促成了创造主体从精英到大众的转化。

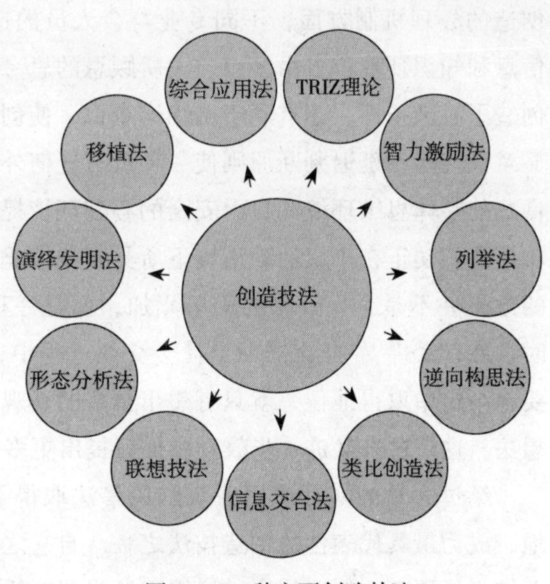

图3–4 11种主要创造技法

关于创造方法与技巧的探究由来已久。然而，直到今天，创造技法的理论属性、基本标准在学界还是一个十分模糊的问题，什么样的技法才称得上是创造技法还没有一个统一、明确的规定。因此，有人统计目前全世界有300多种创造技法，也有人说有1000多种，莫衷一是。这里仅就几种有代表性的创造技法进行介绍。

最早被明确提出的内容具体、应用广泛的创造技法，是美国著名创造学家奥斯本（Alex F.Osbom）发明的头脑风暴法（Brain Storming），也称智力激励法。奥斯本1938年在他担任副总裁的美国BBDO广告公司首先采用了有组织地提建议的方法。当时被称为闪电构思会议，因为每位参加者为了突击解决独创性问题，必须快速思考和闪电般地构思。退出广告界后，奥斯本献身创造教育事业，并对创造技术的本质进行了研究。他认为社会压力对个体自由表达其思想观点有抑制作用，为了克服这种现象，需设计出一种新型的会议形式，每个人都可以在其中自由地发表观点，对任何其他人的观点则不作任何评价。

一般而言，人们把有效遵循延迟判断（deferred judgement）与以量求质（quantity breeds quality）这两个原则并按集体形式进行的献计献策会议称为“BS”。延迟判断，就是在提出设想阶段，只专心提出设想，不进行判断、评价和批评。以量求质，即数量产生质量。创造性结论的获得是一个逐渐逼近的过程，这就需要足够数量的观点来作为其基础。

头脑风暴法是一项非常有效的创造技法。它有着充分的心理学依据：在符合创造的心理机制方面，不同专业与会人员的选择保证了“BS”具有发散思维的信息和知识环境；自由畅想、无所顾忌的思考原则不仅为与会者展开发散式思维创造了心理条件，还有利于调动潜意识，使创造性的观念在轻松自由的心境下向显意识转换；延迟判断原则使一种没有任何外部评价的气氛得以建立，也为营造良好的整体思维环境和自由安全的心理环境提供了保障。此外，头脑风暴法的成功还要归功于在小组活动情境下所具有的彼此互动的群体动力学基础。集体思考的效果并不是个人效果的简单累加，而是一种有思维质的跃进的整体效果。同时，在“BS”本身这样一个社会交往过程中，个体也会获得更大的动力因素，要在小组中取得地位，就只有想出更多的新观念与人竞争，而且小组不排斥任何想法，这反过来又进一步鼓励参加者提出更多的创意。

经过大量的实际应用，头脑风暴法取得了良好的效果，迅速推广到世界各地，成为最具代表性的创造技法之一。自它之后，人们根据发明创造的实践经验总结出了更多的创造技法，运用于发明创造的实践。

同样风靡世界，与头脑风暴法齐名的，是美国著名创造学家威廉·戈登（W.J.Gordon）所提出的集思法，也称综摄法、举隅法。从形式上看，集思法也是以集体讨论的方式进行，其最大好处是可以充分利用小组成员得天独厚的知识结构和学术背景。戈登认为，创造经验并不是个人的奥秘，在一个成功的创造者背后集结着一个经过优化的工作集体，其成员以自身特有的优势激发着个人的创造才能。因而，为了解决问题和探究创造过程，一个合适的工作小组比个人更优越。

戈登认为，顿悟的产生依赖于集思法小组成员对非理性方式的接受态度。换句话说，他一定要克服总想表达合理、完整概念的意图。非理性的交流能唤起隐喻、表面粗糙的想象和有裂缝的思想，别人可以抓住并参与。集思法的独特之处正是在方法上集中运用隐喻、类比等心理机制，充分调动思维者以新的眼光看待熟悉的事物，变熟悉为陌生，从而导致对惯常的、完全认可的认知结构的淡化，跳出定势思维的套子，产生出创造性的火花。

尽管集思法的心理机制在原理上是简单的，但事实上，它要求有很大的能力输出，一方面形成与问题表面不相关的各种类比，另一方面还要把这种类比与问题的要素进行对比，大脑在这两个方面进行思考是相当困难的。能够做到对可变因素的巨大变化感兴趣却不会慌乱的人，在创造性环境下往往更有效率，然而所花的代价是体力上的消耗。① 这一点正好可以说明，集思法在任何方面都不能使创造性活动更容易，它只是为人们提供了一种能更努力地进行工作的方法。

在美国创造技法研究成果的影响下，世界各国掀起了创造力开发的热潮，日本正是在美国之后有了创造研究及创造技法的繁荣。1944年，日本创造学的先驱者之一、电气工程学专家市川亀久弥出版了他的处女作《独到研究的方法论》，与波利亚（G.Polya）的《怎样解题》、维特海默（M.Weitheimer）的《创造性思维》遥相呼应，影响很大。在该书中，他提出了等价变换思考法。这是他创造理论的核心。

按照恩田彰的说法，等价变换法就是“把适当的思考观点引入不同对象的一方或多方，对问题的应有状况进行加工，即进行分解和抽象，再在两者的相互关系式上造成等价的对应。”② 通俗点说，就是通过对不同事物的分析抽象找出本

① 李小平. 创造技法的理论与应用[M]. 武汉：湖北教育出版社，2001:132.

② [日]恩田彰. 创造性心理学[M]. 陆祖昆，译. 石家庄：河北人民出版社，1987:62.

质的共同点，首先将其看成本质相同，然后通过这些不同事物功能的类比，得到使某个事物的功能延伸和创新的启示。

具体而言，用等价变换法思考的一般模式：首先是确定发明的具体目标；其次，选择一定的思维角度，对发明对象进行高度抽象，找出它与相关具体事物之间本质的相似性；第三步，按照抽象出的本质特征演绎出许多的具体事物，然后在这个具有等价因素的事物群中选定一个作为类比物；接着，找出所选定事物的特别之处，也就是对等价因素的限定条件；最后，运用这些特殊原理在新旧事物中进行类比和转换，以特定的等价因素为发明的基本点，抛弃无关要素，加上特定条件，构成新事物。不难看出，等价变换法着重于对那些零散的、不规范的和非逻辑的思考过程进行整理和规范，揭示出创造性转化过程的逻辑程序，形成了更细致的程序化的方法模式。

典型的创造技法还有很多，比如建立在奥斯本创意检核表基础上的检核目录法，瑞士天文学家兹维基和矿物学家里哥尼联合创立的形态分析法等，都是创造工程较为常用的技法。然而，就在所有这些有案可查的创造技法当中，最行之有效的，还是前苏联发明家根里奇·阿奇舒勒（Genrich Altshuller）在20世纪60年代创立的发明问题解决理论，即TRIZ理论。

2. 创新方法作为公共知识的典型：TRIZ

图3-5 根里奇·阿奇舒勒

TRIZ是俄文 теории решенияизобретательских задач的英文音译 Teoriya Resheniya Izobreatatelskikh Zadatch的缩写，在欧美国家也可缩写为TIPS（Theory of Inventive Problem Solving）。作为前苏联海军专利评审机构的调查员，阿奇舒勒在阅读了大量专利后，开始注意到这些独立的专利中存在一些解决问题的通用模式，并认为，一旦提取出专利的问题解决模式，人们就能够学习这些模式从而获得创造性解决问题的能力。

阿奇舒勒于1956年写出了第一篇有关TRIZ的论文，1961年出版了第一本著作《怎样学会发明创造》。此后数十年，他领导前苏联的多家研究机构、大学、企业组成了TRIZ研究团体，先后分析了全球近250万份高水平的发明专利，总结出各种技术发展进化遵循的规律模式，以及解决各种技术矛盾和物理矛盾的创新原理和法则，建立了一个由解决技术问题、实现发明创新的各种方法、算法组成的综合理论体系。

TRIZ解决创新问题的基本思路是深入分析问题的基本状况，结合系统演化模式来确认问题的理想解和系统的矛盾，然后找到可用资源消除矛盾从而解决问题。有TRIZ专家认为，矛盾、演化、资源和理想度概念是TRIZ理论的基石。① 演化主要是指技术系统的演化模式，技术系统一直处于进化之中并遵循固有规律，其中，向提高理想度的方向进化是最重要的一条进化模式，它为创新问题的解决指明了努力的方向。同时，任何没有达到理想状态的系统都有可用资源，对资源进行分类，详细分析和深刻理解是解决创新问题的有效途径。

TRIZ认为，发明创造问题的核心在于解决矛盾，不断发现和解决矛盾是推动技术系统向理想化方向进化的动力。在自然、社会和工程三类矛盾中，TRIZ主要研究工程矛盾，并把其分为物理矛盾和技术矛盾两类。物理矛盾是问题的核心矛盾，是为了实现某种功能，对一个子系统或元件具有互相矛盾的状态要求。对于物理矛盾，TRIZ采用分离原理来解决，主要有从时间、空间上分离，部分与整体分离，按条件分离等四类方法。技术矛盾是指一个操作同时导致有益和有害两种结果，也可指有益作用的引入或有害效应的消除导致一个或几个子系统或整个系统恶化。为了消除技术矛盾，必须找到形成技术矛盾的工程参数。通过对大量发明专利的研究，阿奇舒勒总结出39个通用工程参数来描述技术矛盾，抽出了40条发明原理（Inventive Principles）来消除技术矛盾，从而创建了矛盾矩阵。

阿奇舒勒发现，虽然技术系统和发明创造问题涉及方方面面，但典型的技术矛盾只有1250个左右，而且这些典型的技术矛盾均可基于40个发明原理寻求解决方案。当然，矛盾矩阵所提供的原理具有普遍性，往往并不能直接使问题得到解决，而是提示了最有可能解决问题的探索方向。因此在应用时，必须根据所要解决问题的特定条件，将原理转换为具体的解决对策，进而提出解决问题的方法。

为了快速确认核心问题，发现关键矛盾所在，TRIZ还提供了如何系统分析问题的科学方法，如多屏幕法。而对于复杂问题的分析，它则包含了物质—场分

① 丁俊武，韩玉启，郑称德．创新问题解决理论——TRIZ研究综述[J]．科学学与科学技术管理，2004（11）．

析模型（Substance-Field Analysis）。这是一种对现有技术系统相关问题进行定义并将问题模型化的方法，也是最简单和最受欢迎的TRIZ工具之一。技术系统是功能的实现，TRIZ认为所有的功能都可以拆分为三个基本元件，即两种物质和物质间相互作用的场。这样，根据物质—场模型就可以对系统功能进行详细分析，如三元件是否完备，是否有有害功能、过度功能或不充分功能存在等。在模型分析的基础上，TRIZ给出了76个标准解（Standard Techniques）来解决技术系统的功能缺陷问题。标准解共分为5类，发明者可以根据物质—场模型首先识别问题的类型，然后选择相应的标准解法。

对于非标准问题，即那些由于情境复杂、矛盾不明确而不能直接依靠矛盾矩阵或物质—场分析解决的问题，就必须由发明问题解决算法ARIZ来进行解决。ARIZ是TRIZ的核心分析工具，是解决发明问题的完整算法。其重要思路是将非标准问题通过一套逻辑过程进行变化，转化为标准问题，然后应用标准解法来获得解决方案。因此一般而言，只有很少的创新问题才能用到它。直到1986年，阿奇舒勒本人一直控制着ARIZ的开发和版本公布，不允许别人涉及。后来其他TRIZ专家和商业公司陆续推出过ARIZ的新版本，尽管对前面的版本有所改进，但其解决问题的基本思路仍是一致的。

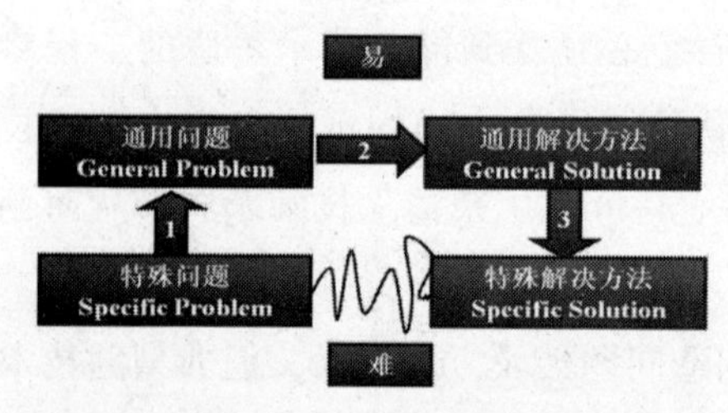

图3-6 TRIZ解决问题的流程

至此，应用TRIZ求解实际问题的流程就非常清楚了：首先，将特殊问题抽象为一般问题，用规范化语言描述系统功能，用标准参数表达技术冲突方式；然后，利用76个标准解和40个发明原理寻求标准解法，解决一般问题；最后，演绎成初始问题的具体解法。另外，为了降低解决问题的难度，往往首先应用分离原理来解决物理矛盾，同时应用涵盖了多学科原理的知识库，引导和帮助创造者来解决某一特定技术领域的知识问题。

事实证明，TRIZ揭示了创新活动的内在规律，是指导创新实践的有效方法。冷战时期，TRIZ基本上被作为前苏联的国家机密进行封闭研究，它在军事、工业、航空航天等领域所发挥的巨大作用令西方垂涎数十年。直到前苏联解体、大批TRIZ专家移居欧美，TRIZ才随之传至西方并发扬光大。这一时期，

TRIZ在形式和内容方面的变化都非常大。现代TRIZ的运用不仅在质量工程界和产品开发领域取得了很好的效果，其功能也从传统技术领域开始向管理、教育、政治等非技术领域急速扩展。

与此同时，随着信息技术的不断发展，TRIZ的智能化成果即计算机辅助创新技术（Computer Aided Innovation，CAI）也应运而生。这是一门以TRIZ为基础，结合现代设计方法学、语义处理技术、专利分析技术及计算机软件技术所产生的新兴技术。通过计算机辅助创新技术，过去只有专家、学者才能使用的高深的创新理论与方法学，如今已变成了易学好用的计算机辅助创新平台和创新能力拓展平台。

计算机辅助创新技术通过将TRIZ理论融入培训模块，为人们提供了TRIZ理论自学平台，可以帮助人们快速、系统地掌握TRIZ，分析求解创新问题。而通过提供不同学科领域中有效的创新知识，计算机辅助创新技术还使得复杂产品和工程的研发创新成为可能，人们只要受过一定的工程训练，就能够在这样的平台上来培养创新能力，直至作出具体的发明创新。此外，企业利用计算机辅助创新技术软件可以生成规范、标准的辅助创新流程，从而有助于促进创新过程的科学化。事实上，计算机辅助创新技术一经出现，就获得了大规模的推广应用，近年来在欧美发展十分迅速，仅在美国，其用户就数以万计，应用范围遍及航空航天、国防军工、铁路、石油化工、水电能源、电子、土木建筑、船舶、生物医学、轻工、家电等领域，取得了大量实实在在的科研成果。

经过半个多世纪的传播与发展，TRIZ及其衍生出的计算机辅助创新技术目前已经成为一套解决创新性问题最有力的方法，在全世界广泛应用。按照马克斯・H・布瓦索在《信息空间》中的观点，在个人知识、专有知识、常识知识和公共知识这四种知识类型的划分中，公共知识是作为一种扩散了的、已编码的知识而存在。[①] 基于这种相当明确的意义，TRIZ就可被视为关于创新方法的某种公共知识，或者说，一种共享的创新平台。

其一，TRIZ给出了关于发明创造的非偶然性说明。经过对大量专利的分析研究，阿奇舒勒发现只有20%左右的专利称得上是真正的创新，许多宣称为专利的技术，其实早已在其他的领域出现并被应用过。例如，在生产人工钻石过程中

① [英]马克斯·H·布瓦索．信息空间——认识组织、制度和文化的一种框架[M]．王寅通，译．上海：上海译文出版社，2000:204．

晶体分割所采用的分离方法，其实在剥坚果壳的发明中就已经被用到，即利用在物体上逐渐增加压力然后迅速减小压力的方法，将物体按预定方法爆裂。而工程师们所要注意的只不过是控制好气压的高低和适当的操作环境而已。

这说明，不同技术领域具有相同理论模型，其解决方案具有相似性、可传递性，但因缺乏必要的交流与转换，其相同的基本解分别独立地在各自领域内使用。由此，阿奇舒勒认为，将已有解决方案建立知识库，实现对这些已有知识资源的有效获取，大部分的问题就可以通过选择类似的方法得到解决。

对于那些从未遇到的问题即创新性问题，也可以从现有专利中总结出设计的基本原则、方法和模式，并通过对这些原则和方法的应用进行解决。这是因为，即便是新奇的思想，也完全有可能通过与过去那些蕴含着大量方法的发明创造相类似的生成规则来描述和形成。当然，这一努力的结果反过来又会进一步扩展解决问题的知识库。

因此，总的来看，基于方法谱系互借与组合的可能，TRIZ认为创新并不是灵感的闪现和随机的探索，而是存在解决问题的一般规律，可以告诉人们按照什么样的原则和方法去进行创新。基于此，重现这些原则和方法是快速实现创新的基本路径，这也是为什么大多数技术创新更依赖于对正确创意的巧妙选择，而较少依赖于想象力飞跃的原因。

其二，TRIZ实现了思维、方法、工具三者的有机统一。TRIZ发展到现在，已经不再限于一个庞杂的理论体系，而是从整体上凭借对思维、方法和工具三方面的有机整合，确立了它作为创新方法典型范本的重要地位，这也是TRIZ所以成为公共创新平台的根本方面。

在思维层面上，TRIZ是一种新的哲学理念和思想模型。发明创造方法纷繁多变，但在特定的情况下，必有一种或几种是主要的和起决定作用的。因此，一个可行的办法是通过降低发明创造中的大量复杂性以获得某种可管理的形式。在这种思路的引导下，TRIZ力图在最普适的意义上建立解决问题的模型并指明问题解决对策的探索方向。作为TRIZ的理论基石，矛盾、演化、资源、理想度等概念具有哲学意义；TRIZ的原理、方法不是针对某个特定的创新问题，也不局限于任何特定的领域；TRIZ的知识库集中了物理、化学、地理、几何、生物、信息技术等方面的专利和技术成果，其进一步的发展将会吸收整个人类知识的精华。也正因此，TRIZ可以广泛地应用于各个领域去创造性地解决问题。

在方法层面，TRIZ则提供了最有希望解决问题的策略。做到这一点，从根本上是基于对发明创造的深度认识，毕竟，解决问题的每一步都要求被验证或至少对于正确步骤有较高的统计概率。拿TRIZ的典型解题流程ARIZ来说，它通过逻辑流把TRIZ的各种工具串在一起，形成了一整套问题解决方法。阿奇舒勒认为ARIZ能解决所有的创新问题。

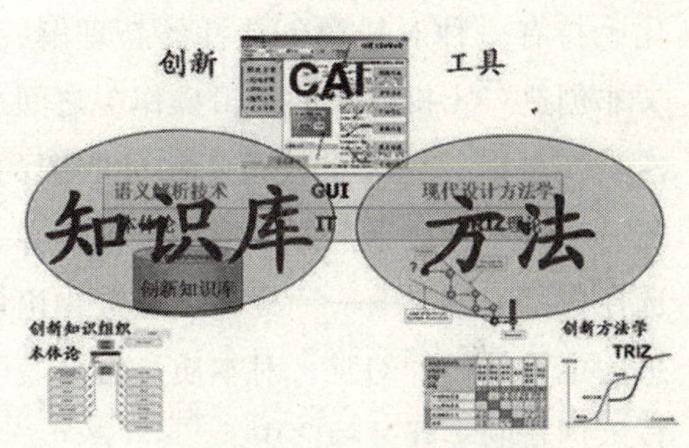

图3-7 CAI技术体系构成

在工具层面，包括发明原理、矛盾矩阵、物质—场分析、标准解、知识库等在内的很多分散工具，既可以独立解决某些创新问题，也可以通过相互结合而起作用。考虑到在问题解决的过程中最好是每一步都能提供便于操作的必要信息，TRIZ就将解决问题的途径和知识库连接起来。同时，TRIZ理论与计算机软件技术的融合形成了“计算机辅助创新”模式，这样一来，在人工智能的框架下编码搜索就可以在短时间内完成。另外，ARIZ目前也已全部有软件支持。

3. TRIZ与创新方法程式化

进一步而言，通过TRIZ，还可以深入反思创新方法程式化的基本理念。具体就是，在创新方法程式化的合理性问题上，坚持“以本质相同的机制递增渐变”的创新进化论立场；在创新方法程式的建构路径上，采取可能性空间最大化和有效解搜索最小化的策略。以下详述。

按照约翰·齐曼（John Ziman）在《技术创新进化论》一书中的观点，技术进化作为一般性隐喻尽管非常有启发性，但“对于人的记忆、想象和意向，在潜在形成有用的创新过程中发挥作用的部分，它却难以解释。任何只是将它转变成该过程的某种形式模型的尝试，其结果都将被确切证明是非常误导的”[①]。然而，事实情况并不像齐曼估计的那样糟糕，这在TRIZ的成功运用中已经可以看到。作为隐喻，无论是“技术进化”还是更宽泛意义上的“创新进化”，都是有

① [英]约翰·齐曼．技术创新进化论[M]．孙喜杰，曾国屏，译．上海：上海科技教育出版社，2002:序2-3.

趣而精当的类比，截然不同于肤浅的相似性。最重要的是，它们显然为创新方法的程式化建构确立了合理的思想基础。

具体地说，技术进化论关于生物进化和人类发明两个世界之间存在许多相似性的观点被“极端的”创新进化论采纳和利用了。以往在关于创造性究竟如何出现、能否被学会以及能否程式化等问题上，多数意见都过分地神秘化了。创新进化论持有一种对科学创造性的新理解，即科学创造不是什么神秘事物，创造与“非创造”（机械式的逻辑操作）之间也不存在填不平的鸿沟。在它看来，创造性其实是以一种非常接近于物种起源的机制产生的。正像自然选择学说所主张的——自然界成千上万个形态结构各异、功能精巧独特的物种无非是盲目变异与选择保留的结果——一样，创新进化论认为，那种把创造过程看做是“奇迹”的想法也只是一种幻觉，对本质一目见底的“洞察力”并不存在于产生科学理论和技术创新的实际过程之中。①

创新进化论一经出现，便产生了如达尔文用自然选择学说废黜了上帝一样的效果。因为这样一种观点在很大程度上解构了环绕于直觉、顿悟、灵感之上的神圣光环。它忠实地认为，科学发明创造类似于自然选择，生物受每一步自然选择的影响而产生的变化是很小的，甚至不易察觉，但只要给以充分的时间，其积累的效果却是惊人的、戏剧性的。

不过，对于这一生物学类比的反面，创新进化论也未予忽略，也还冷静地得出了有利于自己的结论。显而易见，整个生物学隐喻最成问题的地方在于，生物进化履行“盲目变异”的机制，而人类的多数发明创造并不是随机产生的，它们总是有意设计的产物。“用新达尔文学说（neo-Darwinism）的语言来描述就是，它们不是‘魏斯曼式’（Weismannian）的：用于选择的变异并非由那种完全无视其最终命运的机制产生的。”② 在这里，生物学所避开的拉马克观念，却对这样一个非生物学进化过程提供了一个启发性的说明。某种程度上，发明创造获得了被有意地传递给下一代的特征，“尽管将脖子伸向更高的树叶的原始长颈鹿不一定就产生有更长脖子的后代，而必须尽力伸展才能摘到水果的原型摘果机

① 桂起权，宋伟. BACON机器、科学发现与创造——AI心理学派学者西蒙思想解读[J]. 东南大学学报（哲学社会科学版），2003（4）.

② [英]约翰·齐曼. 技术创新进化论[M]. 孙喜杰，曾国屏，译. 上海：上海科技教育出版社，2002:6.

则可能找到修订蓝图，以使下一代机型包含更长的吊臂。”①

在“人类发明是拉马克式的还是达尔文式的”这个问题上，戴维·珀金斯（David Perkins）提出了一个折中的观点。他深刻地指出，人类发明和生物进化间的比较让人满意地得出，人是克朗代克更为灵巧的（此处为隐喻，在克朗代克寻找黄金。金子就在你找到金子的地方——它们分布稀疏，没有多少标志指示出明确的方向，克朗代克适合度景貌多指不友好的搜索范围，这与指向满意结果的“寻的”景观形成对照），但是并非以达尔文的花费为代价，两者缺一不可。珀金斯是在对比考察了类进化过程中通用的三种搜索策略后得出上述结论的。它们分别是修正性适应、选择性适应和计划性适应。修正性适应具有拉马克特征，运行模式一般是：一种理论或发明经过某种形式的检验或试验，如上面提到的吊臂更长的摘果机；选择性适应则遵循达尔文模式，在人类认知领域对应于试错的方式，即用选择找出有用的类型，缺点是耗时多、效率低；计划性适应也称编码性适应，是一种为发挥作用而将前两者结合起来的搜索策略，通过对编码的调整以产生更适合的建构，其优点在于具有更好的可移动性和可复制性。由此，珀金斯从总体上认为人类创造是在多层次上通过修正、选择和编码进行搜索的一个复杂网络。②他同时明确指出，基本的搜索策略甚至相当复杂的搜索策略混合体其实不必要求意识、意向性或想象力，它们还“适用于在某种意义上‘创造性的’人工智能程序的许多当代研究”。的确，认知科学已经从进化论中借用了“适合度景貌”这一概念，在提供定理逻辑证明、计算机发现程序、解决某种类型的难题以及下国际象棋等认知需求活动中，这一概念被转化为贴近解答准则的启发式搜索过程。

有条理的启发式搜索大大提高了成功的概率，并为公共创新平台的建构者所乐于采用。阿奇舒勒基于不同技术领域的发展总是遵循着一定程度上相类似的客观规律这一思想，总结出了技术进化的模式，以此作为TRIZ的总纲，用于指导产品的开发创新，使之不再流于某种随机的行为。正如技艺高超的刑侦专家了解在犯罪现场需要寻找哪些种类的线索一样，这种范式在创新方法方面的应用也将使人类的眼光变得更加敏感。

---

① [英]约翰·齐曼．技术创新进化论[M]．孙喜杰，曾国屏，译．上海：上海科技教育出版社，2002:174.

② [英]约翰·齐曼．技术创新进化论[M]．孙喜杰，曾国屏，译．上海：上海科技教育出版社，2002:173-189.

再来看创新方法程式的建构路径。科技创新的规模已今非昔比，其高投入、高风险的特征已经不容许主要依靠过去那种单调乏味、“拉网捕猎”式的古老试错方法。以现在的眼光，试错法（trial-and-error）不但效率低下，而且浪费严重，以至于有人说，人类在试错法中损失的时间和精力远比在自然灾害中遭受的损失要惨重得多。又有分析指出，包括试错法在内，现有创新技法中绝大多数都面临着致命的效率低下问题。究其原因，这些方法过于依赖人的悟性、灵机一动或个体的心智经验，具有极大的随机性和偶然性，可重复性、可操作性不强，常人不易获得成功。[①]

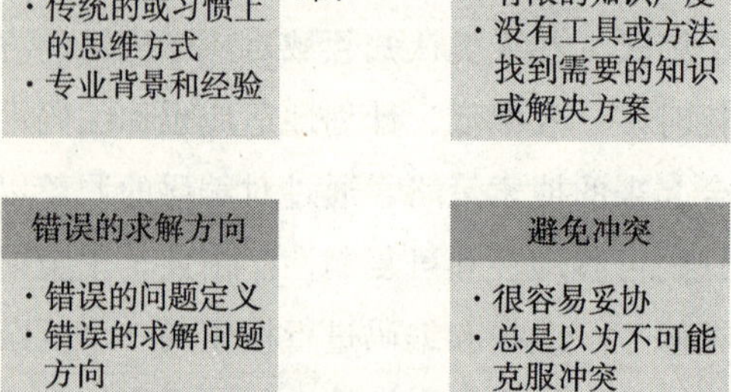

图3-8　为什么要实施 TRIZ

要避免创新的随机性和偶然性，为创新活动提供某种操作性较强的程式化方法，就必须对创新方法的根本方面加以审度。根据西蒙在机器发现研究方面的丰富经验，他的观点值得注意。他指出：科学发现就是问题解决，是对问题空间的搜索过程。问题空间是问题解决者对一个问题所达到的全部认知状态。问题解决就是应用各种问题解决策略（启发式、算子）来改变问题的起始状态，使之转变为目标状态的过程。与日常思维不同，科学发现中的创造性思维具有三个特点：①愿意接受定义模糊的问题陈述，并逐渐使他们结构化；②能够在一段相当长的时间内，持续地对某个问题作全神贯注的思考；③在相关的或潜在相关的领域具有广泛的知识背景。[②]

根据上述理解，可以认为普遍有效的创新方法程式必须满足这样一个原则，即在极大的可能性空间内可以完成有限的、高度选择性的搜索。该原则具体分解为下述两点要求：其一，问题解决的可能性空间要尽可能地大。这一点比较好理解，因为正是在这个意义上，惯性思维被认为是创新的致命障碍。在解决创新问题时，思维定势、先入之见等都会导致可能性空间的压缩，使人们远离问题的

① 胡菊芹. 引进创新方法提高创新效率[N]. 科技日报，2007-03-07.

② Simon H A. Discovery，Invention，and Development：Human Creative Thinking[J]. Proceedings of the National Academy of Sciences U.S.A.，Physical Sciences，1982，80（14）：4569-4571.

解。以试错法为例，这一方法的一个主要缺点就是，由于缺乏覆盖所有解的机制，它容易通过惯性思维将人们限制在所知范围以内。20世纪中期，人们已经认识到试错法的缺点并试图进行完善，主要通过激发创造性方法和扩展搜索空间法来避免思维惯性，其中，特性列举法、形态分析法是两种比较好的方法。

虽然特性列举法、形态学分析法通过扩大问题解决的可能性空间而较好地克服了试错法的缺陷，使得可能解的寻找比较容易。但是，这两种方法存在着另外一个问题，那就是它们都缺乏选择最佳决策的工具。拿形态分析法来说，理论上它可识别所有可能方法的组合，其中不乏有创新解，但是对于怎样正确选择解并没有给出明确的答案。要克服这种决策中的力不从心，就涉及下面要谈到的创新方法程式所要满足的第二点要求。

其二，问题解决的有效解搜索要尽可能地小。也就是说，在问题解决的方法中应该包含这样一种机制，它能够迅速缩小问题和解的空间，消除无效的试探步骤，去掉与必要解不一致的方向，将创新者直接引向有效解甚至最佳解。应当说，这一机制是创新方法程式的核心。

还是以试错法为例。正如之前所了解的，试错法通常是无规律地搜索问题解的空间，在检验各种试探方法后才得到解。这也就意味着，在试错法中，没有一种使创新者的思维直接指向有效解的机制。换句话说，创新者无法找到有效解的方向，带有盲目性。事实上，有效解搜索机制的缺乏也是试错法的最大缺点①，正是由于这个问题，试错法仅适合于简单常规性的封闭问题，如果问题过于复杂，试错法是不能胜任的。

综合上面两点来看，正是在保证了可能性空间最大化与有效解搜索最小化的基础上，TRIZ才成为了具有强大能力的创新方法程式。对于前者，TRIZ提供了这样一种可能性空间，它涵盖了不同类型的发明创造，并且持续不断地扩展和结构化其解决问题的知识库；TRIZ解决问题流程的首要步骤就是将初始问题抽象为一般问题，这既是将问题结构化的途径，也是打破思维惯性、扩大可能解的空间的有效办法。至于后者，TRIZ框架对解决问题的思路也实现了明确的指导：在解决问题之初，TRIZ会确定解的方法和位置，由此避免了传统创新技法中反反复复进行的探索工作；更重要的，以不同类型的发明创造为基础，TRIZ涵盖

① 参见珀金斯关于选择性适应的观点。

了若干指向潜在发明创造的启发性线索，通过搜索这些线索，人们可以为自己的发明问题寻找到充满机会的基本轮廓。

三、创新方法研究所遵循的原则

本章此前的部分，大致描摹了创新方法之规范性研究的情形，无论是科学方法论作为某一学科分支的进展，还是创新方法作为可操作模式的积累，其实都有可以让人们总结并吸取的教训与经验，可为以后的创新方法研究提供极大的借鉴。

1. 理论研究与实践研究

科学方法论向来偏重理论研究。历史地看，这一点突出地表现为传统方法论对形式体系研究的重视。从亚里士多德开始，就把逻辑“作为一门独立的科学，并称之为‘分析学’（Analytics），也就是研究术的入门，并把它看做是一门科学的方法论”[①]。而在西方逻辑史上，逻辑史家甚至划出了一个所谓“方法论逻辑”的阶段。在时间上该阶段与近代科学时期大致吻合，也即是说，近代科学时期的科学方法论发展在逻辑史家看来是毋庸置疑的“方法论逻辑”。

尽管如此，整个19世纪以前的方法论探讨仍然保有它的实践基础。大多数方法论者要么自己是卓越的科学人物，要么是与当时的职业科学家联系密切的其他哲学家。职业科学家还是认真地对待哲学家的方法论观点的。但如果把20世纪以后对科学方法论的讨论与这种讨论的悠久历史相比较，也许最惊人的特征，就是后来的讨论索性远离了现实的科学实践。特别是，自逻辑实证主义的时代以来，方法论的反思本身已经成为具有高度技术性的一个学科分支。由于它自己必须如此的专业化，以致职业科学家不再可能对它作出有意义的贡献。与此相对应，在20世纪，科学专业化的强烈需求，使得科学家不可能超出他们的学科界限思考许多问题。结果，在某种程度上，科学方法的研究变成了从未有过的自主性研究。

具体而言，逻辑实证主义对逻辑向度的极端化的发展，最终使得科学方法

① [德]爱德华·策勒尔．古希腊哲学史纲[M]．翁绍军，译．上海：上海人民出版社，2007:181.

论成为一套对科学进行逻辑分析的元科学，即所谓“科学的逻辑”。它研究任何可能陈述的逻辑结构、理论的形式框架、解释的逻辑范型、命题之间的逻辑关系。[①] 但正如图尔敏所尖锐指出的那样，逻辑实证主义巨细无遗地所讨论的问题，与物理学本身的实际情形几无关联；物理学家所运用的实际论证方法，在逻辑实证主义那里也鲜有涉及。[②] 这个时候，与任何一种研究都有可能碰到的尴尬境地一样，方法论研究越是精确，其与人类经验的联系则越少。

事实上，科学发展的机制和科学创新的法则，首先应该意味着新知识或新理论的首要的和动态的形成过程，它并不是通过科学概念的逻辑交织形成的研究范围能够解释的。换句话说，当传统科学方法论用逻辑概念来代替理性概念，而且把不能从先前的知识中逻辑地演绎出来的一切东西，以及为了解释新问题的产生和科学中新的因素的出现而对社会的经济的文化历史的条件、科学家个性的心理独特性或科学团体的社会心理学的一切注意都称为非理性主义时，它就注定要把科学家永远囚禁在一个与周围世界隔绝的孤岛上。所以，科学方法的研究者不应仅把以科学论文形式出现的科学知识或科学理论的最后成果包括在他的分析范围之内，还要通过分辨出那些不可能存在于科学论文中的各种因素，建构一种对创新过程的历史性描述。而这些因素，只能从实践中去寻找。

当然，不仅逻辑实证主义，透过此前多数方法论研究的文本，人们都很难将其貌似完整的理论叙述联系到具体复杂的实践操作层面，那些直接关注现实和实践细节变化的部分往往有意无意地被忽略或过滤掉了。于是，对于方法的研究，理论如何联系实际就成为一个恒久而常新的问题。

正如科学的知识不仅仅包含认知式的理论思辨，还应体现为实践建构一样，科学方法研究的理论进路不等于、也无法替代从方法实践中获取经验的方式。以一种看似零碎的方式，这种实践进路的研究却能让人们非常清楚地认识一位科学家头脑中哲学观点的作用、他对世界的看法、他成长的条件、他接受的教育、他的事业动机、他的创造性、他身处的工作环境、社会背景，以及任何与其生活世界紧密相连的真实细节，理解某些科学思想的得到是怎样受到非实验的、非理性的因素的影响，科学家自己又是怎样受到社会、道德、精神和文化环境的熏染，

① 刘大椿．从中心到边缘——科学、哲学、人文之反思[M]．北京：北京师范大学出版社，2006:31．

② 李创同．科学哲学思想的流变——历史上的科学哲学思想家[M]．北京：高等教育出版社，2006:191．

等等。再进一步，在科学方法的问题上，理论的研究其实也愈加需要从经验中获得的理解。如果研究者重视科学方法的实践审视、心理分析和社会辨认，并把有关的理论思想有机地引入其中，以此能够更好地促进人们对于科学方法及其意义的理解，便也是研究者最大的荣幸了。

毫无疑问，研究进路的转移将会带来叙事方式的变化。基于现实中复杂的科学实践，方法论面临一个从逻辑性的哲学式话语向经验性的描述式话语的叙事转向，这也就是说，由于方法问题本身具有很强的实践性，仅仅通过一个理论框架并不足以清楚地解释它，所以必须寻找符合它自己的话语方式。事实上，作为一个广泛背景，近年来人文社会科学研究的各领域，多少也都出现了类似的叙事转向。比如很多社会学者在发觉常规的理论框架根本不能把握“实践状态的社会现象”之后，提出了以“过程—事件分析”为核心的叙事社会学，其基本倾向是强调一种动态叙事的描述风格。[①] 这就意味着，首先需要将研究的对象转化为一种故事文本，从而“呈现”社会行为关系的结构、机制以及各方用来维持、处理行为关系的人为策略。在经济学领域，也出现了类似的、对日常生活领域的经济现象进行细致描述的写作实验，它不仅揭示了经济行为的真实逻辑，而且突破了经济学的叙述空间，诸多常规经济学理论无法解释的偶然因素都可以被这种叙事清晰地表达出来。[②] 此外，叙事转向的呼声同样从历史学领域传来，即所谓“见之于行事”，历史学的理论创新必须建基于对历史的深入了解，甚至是一点一滴的深度描述。

此时，作为哲学研究的一部分，科学方法论同样感染了其他人文社会科学相类似的“理论尴尬”：科学探究的过程没有被思辨的知识叙述或逻辑话语描述已尽，方法的研究也并没有真正地涉及实践的本身。这种情况下，研究者只有提供一种能让当事者参与进来的生活语言风格的研究文本，或者说经验性的叙事方式，才能改变自上而下的视角，使研究不再只是概念的演绎。可以说，经验叙事作为折合理论与实践两极的中间道路，将成为今后方法研究的核心话语方式。它不仅可以形成理论与实践积极对话的可能，满足新的理论构造能够解读众多零散的科学实践和方法运作的期望，还会让读者更加轻松地参与进对意义的理解当中。在下面讲到范例研

① 孙立平．实践社会学与市场转型过程分析[J]．中国社会科学，2002（5）．

② 周勇．经济学的叙述空间[N]．经济学消息报，2002-05-03．

究方式的选择时还会对经验叙事作进一步的阐发，此不赘言。

2. 在程式化与随意性之间保持张力

创新方法本身的吊诡之处在于，唯当不依靠方法程式去做事才能产生独创性。那么，像上面提及的TRIZ这类创新方法，既是程式化了的，却又为何能屡试不爽而风靡全球呢？说到底，这与它们在寻求程式化和突破程式化之间保持了较好的张力有关。

作为某种信念，程式化一直是科学方法的一个基本取向，从古典逻辑到科学逻辑再到人工智能，人类正把越来越多的关于思维与活动的规则纳入程式化的处理轨道，以便将主要的精力转向从事创造性劳动。与此同时，也只有借助于方法的程式化，创新才能成为一个社会过程、一个团体学习的过程，否则人们实在无从把握。

用培根“圆规作图”[①]的道理类比方法论的程式化目标，那就是，如能找到某种如圆规一样的思维工具、如做图步骤一样的思维程序，那么只要学会运用这些工具和程序，任何人就都能顺利地到达彼岸。假定这样的企图能够实现，方法论的遗留问题就所剩无几了。然而，事情并非如此简单。

首先，方法可以程式化，但并非可以完全程式化。方法当中可以程式化的那一部分在今天被恰当地称作了“算法”。就是说，如果人们执行算法中的规定，按照步骤进行就能得出完整的单值解。但是，实际情况并不容许人们对所有的方法都持有如同算法的这种单值化要求。一般科学方法都不能使问题的解决过程具有完全的单值性，因为它们无法回答解决问题的每一阶段究竟是通过什么途径实现的。

再者，某些时候，人类会为方法程式提供的便利和解脱付出代价。“目标退化”便是一种。在一个认知心理学的著名实验中，卢琴斯夫妇（Abraham and Edith Luchins）要求参加者借助三个水罐度量指定量的水。他们把实验题目设置成几个这样的任务，所有的任务都可以按照同样的运作顺序进行求解。例如，水罐A容量为9夸脱（1夸脱=1.1365升），B容量为42夸脱，C容量为6夸脱；要量出

① 第二章“新旧程式的嬗变”。

21夸脱，可以先把B装满，再用B里的水把C装满两次，把A装满1次，这样B里就剩下21夸脱。这一顺序，可以简化为B-2C-A，证明可接连完成5个任务。第6个任务写的是：A容量为23夸脱，B容量为49夸脱，而C容量为3夸脱，请量出20夸脱。顺序B-2C-A将产生所要求的量，但是A-C得到同样的结果却要容易得多。遗憾的是，多数实验参加者没能发现这个解答。①

这个现象表明了心理定势（mental set）在解决问题中的作用。可以设想，如果在完成前5个任务之后，间隔几个钟头再去做第6个任务，那么被试者就会觉得最后这个任务要比前面5个实验题目显得容易些了。这是因为他经过几个小时之后忘了前面的解题程序，定势不再起消极作用，却不是采用了什么新方法。

心理学实验证实了程式化效应给人们的思维带来的危险。“我们有了经过检验而可靠的方法，能够为我们产生作规划的乐观。它又有正面结果，给我们信心去尝试新东西。但是也可能有负面效应。如果这些方法实际上过去已经反复证明是有效的，我们会总是更加过分地估计它们的效能。”②的确，经验在某些情况下能使人聪明，但方法的屡次成功会让人在无意之中丧失对目标的关注，进而忘记了自觉地为目标寻求更好的途径。

在科学活动中，此类“目标退化”——不假思索地运用方法教给人的行动逻辑而遮蔽实现目标的更多新的可能性的情况并不难寻见。实验室里的科学家们，久久痴迷于实验，远远超过了对提出某种科学假说的兴趣；许多社会科学家曾经着手编写可以用来评价试验的计算机程序，数年后他们才发现自己已经成了计算机专家。其时，这些科学家几乎没意识到自己早已忘了真正的目标，而迷恋于使用实验仪器和计算机进行工作的魅力。等到醒悟过来，原初目标早已被临时目标替代甚久。霍克海默（Max Horkheimer）注意到了这种退化过程，他指出，“科学家们屈服于一种‘具体主义’认识模式，认为钟表的工作比它所测量的时间更为有趣。好像一切都成了机械学

图3-9　马克斯·霍克海默

① [德]迪特里希·德尔纳. 失败的逻辑——事情因何出错，世间有无妙策[M]. 王志刚，译. 上海：上海科技教育出版社，1999:158-159.

② [德]迪特里希·德尔纳. 失败的逻辑——事情因何出错，世间有无妙策[M]. 王志刚，译. 上海：上海科技教育出版社，1999:160.

的范畴。在他们的理论中，他们将全部的爱都投入到了那些他们无疑可以处理的事情上。他们认为，在那些他们看来是完善的并使他们避免矛盾的事物中，能够找到安全。他们迷恋于灵巧的手段、方法和技术，而在见识方面病态地低估了，或者忘了他们认为自己不再能够做到的事情和我们大家曾经希望达到的目标。”①

最后，程式化的努力不应当限制人类认识的无限可能性。人们创造出各种方法，并沿着它们所指引的思路展开实践活动。如果说程式化以易于掌握的方式将这些卓有成效的方法提供出来，那么这种提供就难免带有指令的性质，特别在一些特殊领域，方法对行为的约束可以说是“严厉”的。关于这一点，爱因斯坦曾有清醒的表述，他说，“寻求一个明确体系的认识论者，一旦他要力求贯彻这样的体系，他就会倾向于按照他的体系的意义来解释科学的思想内容，同时排斥那些不适合于他的体系的东西。”②

在今天，单靠既有方法程式给予的指令显然非常不够，甚至可能束缚创新。就个体的科学家或发明家来说，一种他们应当具备的重要能力和技艺远不是程式化所能完全提供的，更多的情况是因偶然或睿智而作出发现，得到他们并非有意寻找的东西。这便构成了与程式化追求互斥的另一种倾向，即，为了创造性地提出和完成新的认识任务而自觉摆脱任何固定方法程式的束缚。正像卢琴斯夫妇的心理学实验明确无误告诉读者的那样，如果能排除固化的程式，对问题稍加考虑，很多事情进行起来就会简单容易得多。

科学发现往往需要另辟蹊径。在科技史的长远征程中，正如坎贝尔在一篇经典论文中所指出的，人类发现中“意外”的数目远远超出了人们通常所认识的，那种“对已知界限的持续突破，只有盲目变异才能为这种突破提供机制”③的过程是必需的。这也就是说，对于创新而言，越是根本性的盲目变异过程，作用就越是重要。正是在这个意义上，费耶阿本德才坚持认为，一切科学方法论的规则都是禁令式的，是阻碍科学研究和科学发展的枷锁，而“唯一不禁止进步的原则

---

① [德]迪特里希·德尔纳．失败的逻辑——事情因何出错，世间有无妙策[M]．王志刚，译．上海：上海科技教育出版社，1999:58．

② [美]爱因斯坦．爱因斯坦文集（第1卷）[M]．许良英，范岱年，编译．北京：商务印书馆，1976:480．

③ Campbell D T. Blind Variation and Selective Retention in Creative Thought as in Other Knowledge Processes[J]. Psychological Review 67，1960:398．

便是怎么都行”[①]。的确，“怎么都行”在真正原创性的行动和观点的诞生中往往更具主导力。而这种随意性所依赖的好奇心、情感、动机、直觉等个体性因素在方法程式中都无从体现和解释。因此，即便方法程式在创造性过程的逻辑问题解决方面成绩斐然，也不能无视其在洞悉问题方面的固有限度。

那么，在这样两难之下，该怎样建构一种既不失灵活、又适于掌握的创新方法体系呢？从以往程式化努力的经验与教训中，能够找到的答案就是：一方面，不要先验地排斥任何方法程式，使之失去可能的基础性作用；另一方面，也不要成为某种先验预设和固定方法程式的俘虏，作茧自缚。恰当的选择是，把这两方面的考虑结合起来，保持程式化与随意性之间的张力，使方法成为活生生的、可以成长的工具或手段。“如果你有足够博大的胸怀，接纳一切有意义的方法论思想，又有同样的睿智，把它们放在适当的位置，让它们配合着发挥作用，你就有资格欣慰地说，你真正是科学活动的主体。”[②]也正是在这种貌似相反、实则相通的张力作用下，科学活动的主体才能真正做到“随心所欲，不逾矩”，科学也才有可能获得重大进展。

① [美]保罗·法伊尔阿本德．反对方法——无政府主义知识论纲要[M]．周昌忠，译．上海：上海译文出版社，1992:1.

② 刘大椿．从中心到边缘——科学、哲学、人文之反思[M]．北京：北京师范大学出版社，2006:8.

第四章

创新方法的范例研究

叙述不是简单的一个重建过去的回忆。一个叙述也是一种承诺，也是一种对将来作许诺的东西。

——德里达：《一种疯狂守护着思想：德里达访谈录》

一、何谓范例研究

1. 事在易处，求其难之

早先就说过，旨在提示人们寻求科学研究更好途径的方法研究，一定不是拿设定好的一套程式化教条去束缚科学。然而实际的情况是，不但程式化的努力一直都是方法研究的主流，大部分的方法研究也都采取了规范性的方式。人们常说科学只关心有规律的东西，而不关心独一无二的事件。这话看来是说对了，但对规范性方式之于方法研究的适切性不作深入的考虑，这本身已经构成了某种无心之过。

公理化困境

公理化原本是数学领域的一个方法概念，指从尽可能少的无定义的原始概念和一组不证自明的基本公理出发，利用纯逻辑推理法则，把一门数学建立成为演绎系统的方法。这里把这个专有概念转作他用，为的是形容规范性研究的严谨、简洁及条理之程度。

大家都知道，凡取得了公理化结构形式的数学，由于定理与命题均已按照逻辑演绎关系串联起来，故使用起来非常方便。如这种公理化数学一样，特定领域下的公理化研究以最简单、最直接的方式提供给人们需要的各类知识，没有不必要的迂回，也不会离开主题。因此，它不可避免地是教条和较少参照历史的。它十分抽象，内容纯而又纯，甚或是超人性的完美体系。它必须放在第一位的观点不是最古老的，而是最基本的。

但围绕创新方法这类问题，即使用严谨的措辞和简单的语句给出某种界定和解释，对于人们真正了解和把握它，实际上也不会有太多具体的帮助，却很有可能由于方法论原则的过于抽象而流于不可实现的空泛。有些科学家反对方法论研究，他们的主要异议也是在于这里。

科学方法一旦获得了公理化的结构形式，那么它作为一种自主性研究的成功便堪称极致。逻辑实证主义就是这样，它将科学方法论制造成了一门严密而精确的科学，甚至可以被当做是另一种可能的纯粹形式系统。表面上看来，这种研究中不断增加着技术性和准科学的专门术语，造成一种蓬勃进步和精益求精的印象。然而，其中不可忽略的问题在于，很难将这种方法研究作为科学家在科学发现中所实际遵循的逻辑宏图。由于它在根本上缺乏与科学实践之间的紧密联系，对于不知以何最佳方式完成工作的科学家来说，这种研究程序并不能提供出一种哪怕是亦步亦趋的方法论指南。

当然，逻辑实证主义只是一个极端的例子。但无论如何，只要以公理化方法来研究科学方法，人们对于科学作为成长着的东西就会在它的发展过程方面有一种部分错误的观点。倘若科学家与它完全协调一致，他们反倒不太可能有新鲜生动和富有启发性的想法了。退一步说，即使这样的研究可以教会人们许多基本的原则，但这也仅仅是对科学方法的消极描述，并不能培养积极的创新能力。总之，认为科学进步通常是不合逻辑的这一洞见对科学家比对外行更加重要。它同样也是科学家为什么关注自己历史的原因之一。

重指令不重启发

无论科学家还是普通人，对科学方法的印象大抵出自于科学教科书一类的权威性读物。这些读物记录了过去科学发展所稳定累积的方法论成果，简明而系统。由于它们的存在，人们就大可不必亲自去读伽利略（Galileo）、牛顿、爱因斯坦和薛定谔，更无需思考这些人的思想和理论所由以产生的过程。如库恩所言，“在一个科学家培养教育的最后阶段以前，教科书都系统地取代了那些使它们的写作成为可能的创造性的科学文献。”①

但就此而言，教科书也恰恰塑造了没有历史感的科学从业者。对此，伊恩·哈金（Ian Hacking）洞若观火：“没有历史感，憎恨变化，是哲学家们的怪癖。对一个主体非历史化，就把它变成了木乃伊。长期以来，哲学家把科学变成了木乃伊。”② 眼下看来，哲学家们在科学方法研究方面的失误，也难逃其咎。

一般认为，在传授科学方法方面，历史学被普遍接受的优点之一，是使历史各个发展阶段的每一步的意义都从序列上得以把握。而与实证哲学关系密切的，无历史的、规范性的方法研究，主张科学发展是按照科学方法所获致的科学成就累积下来的线性历程。因此，只要介绍出科学家在完成以往科学成就中所遵循的指令步骤便万事大吉了。其实这么一来，不仅科学发展中所包含的人文与社会因素很难在这些指令步骤的字里行间被体会到，就连这些指令步骤本身在知识历史长链上紧密衔接的方式，也被认为是处于次要的地位。其结果，作为方法指令的单纯接受者，人们并不能了解科学概念与新旧范式的转变，从而也不能真正了解科学知识的建构本质和科学方法的创新道路。这就好比人们开车到一个地方去，交通规则和驾驶技术尽管都是必要的，但并不意味着他们知道如何选择一条最短的路径到达目的地。而当人们不再以一种主动和自觉的方式参与到方法的创新当中时，方法自身也遁入了绝对化的命运，失去了其之为方法的根本依据。

科学精旨不可自得

当前科学教育改革的一个前沿性课题是如何通过科学教育使学生获得对科学本质的理解，从而不仅学到科学知识和基本技能，而且具有科学创新的能力。毫无疑问，科学方法的训练是其中一条非常重要而且可行的途径，经过科学方法训练和熏陶的心智，不仅能够应对日益扩张的科学知识前沿，更重要的是能够塑造现代社会的健全公民。

没有人否认，以规范性研究的方式对待科学方法训练是可行的，但它“由于忽视了这种情况的某些本质特征，因此使理解科学到底是什么变得不可能”③。目前看来，规范性研究的方式并不能很好地满足理解科学本质和承传科学精旨的要求。根据有关调查，科学规范方法的传授几近成为桎梏学生的紧箍咒。有的教

① [美]托马斯·库恩．科学革命的结构[M]．金吾伦，胡新和，译．北京：北京大学出版社，2003:149．

② 邢冬梅．实践的科学与客观性回归[M]．北京：科学出版社，2008:85．

③ [美]布里奇曼．布里奇曼文选[M]．杜丽燕，余灵灵，编．北京：社会科学文献出版社，2009:125．

育者认为科学方法绝对正确，不会变化，这势必影响学生创新能力的培养。不仅如此，在对方法进行规范性研究的情况下，人们所看到的很可能只是一种千篇一律的东西及其有系统的发展。然而，作为从科学操作中发展出来的一套强有力的技巧，方法的实际经验却是在千变万化的单个情况中发生的。本质上，科学方法是只能通过艺徒模式获得的实践技术。而如果单纯地继续这种规范性研究，把实际经验不断抽干，再将理论强加于实践，那么，将很难培养起学生真正的创新能力，使其获得能够在今后连续起作用的知识、能力与态度。或许，以这种方式培养出来的人，看似对各种方法了如指掌，然而一旦面临实际问题，并不能做到真正融会贯通、应对自如，独辟蹊径便是无从谈起。

综而观之，规范性研究在方法问题上的适切性足以让人怀疑。当然，就方法问题而言，要把那些值得讲的东西彻底讲清楚，毕竟是不容易的。为此需要寻找到一种更有效的途径，一种能够更加密切地研究新知识产生和不变量识别的过程。通过它，人们能够认识科学发展的机制与法则，认识创新方法的道路。

2. 走向经验叙事和范例研究

前面讲到，方法问题的实践性质要求改变方法研究的叙事方式，因为等待考察的科学方法及其创新，其流动性及其复杂意义只有通过经验的叙事才能表达出来。规范性研究中的理论逻辑与学术语言，常常不得不将科学家在方法探究过程中的许多细节内涵过滤掉。而采取经验叙事，先将科学历史中的人物、事件描述出来，通过关注科学家和他们的生活、经历与作为，了解他们创新方法的经过，则可以让人们更深入地走进历史现场，揭示在理论研究进路下或已被过滤掉和被遗忘的真实过程，从而更加接近对方法问题本身的理解。

不错，经验在以往的研究中似乎一直是一个不被人瞧得起的东西，任何一种研究都被要求去进行理论上的发展与深化，否则便不算作是“研究”。但问题是，当理论得到了深化，实践就消失不见了，经验本身不见了，深化之后的理论到底还是不是从实践而来的观点，以及它能不能再回到实践当中发挥作用，很多时候都无从判断。我们说方法研究具有很强的实践性。这就意味着，作为研究者，一方面要深入实践，另一方面也要有适当的话语方式接近实践。说到底，方法研究是从科学家的历史经验中选择那种在后来的经验中能富有成效并具有创造性的经验。所以，研究者的任务就是通过这样一种经验的叙事，重述和重写那些能够弥补读者直接经验的不足、导致他们有所领悟的科学探究经验，作为人们此后进行创新实践的参考，以此贡献于科学事业的发展。

作为一种人们已经久违或者淡忘的叙事过程，经验叙事强调的不是形式、规律以及其他任何普遍性的东西，而是经验的意义。它尊重每个个体的意义，动用一切可能的经验资源，如与其有关的故事、口述、日记、书信、自传、传记、现场观察、访谈及文献分析等来逼近实践本身。这样做，不仅可以将方法研究转换为一个个生动的教育情境，使研究者和读者一起“身临其境”，像科学家本人那样去回忆他的科学探索之路，而且能够一起分享只有叙事语言才能点亮的智慧光彩。

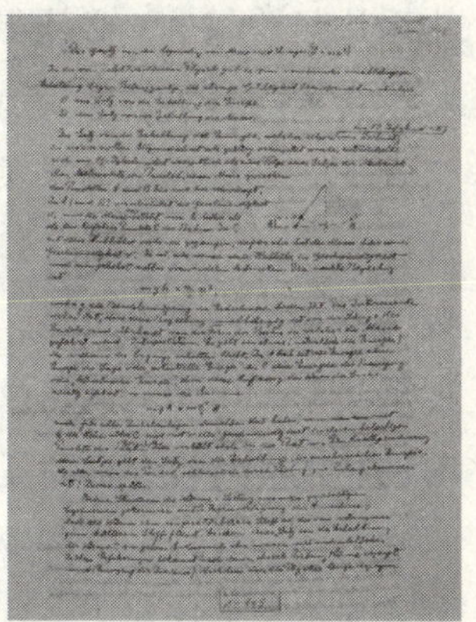

图4–1　爱因斯坦手稿

需要指出，这样一种叙事方式的转变，并不仅仅意味着话语策略的转变与可用资源的扩充，还与研究者的思考方式或者说对问题本质的认识紧密相关。如果说此前科学方法论采用规范性研究方式尚能有所斩获，那是因为规范性研究迎合了为科学合理性进行辩护的哲学基调，可以满足其寻求认识论意义上“结构”与“规律”的需要，并以此证明科学具有一些可以使它看起来必然比其他形式的知识优越的特征。但是，而今的创新方法研究，已经处在了焕然一新的科学格局之上——当诸多巨大的发现使得科学家把无知与黑暗的界限越推越远的时候，方法研究的任务就从确认科学的身份转变为启发科学的创新。它要求始终与科学实践保持紧密联系，透过以往科学家有关创新方法的经验，汲取科学探究之精髓；而不能继续沉醉在理论观念的演绎之中，像传统进路那样趋于全力以赴的抽象。

然而，这也并不是说，开展经验叙事就要排斥理论的发展。恰恰相反，经验叙事不是没有理论，而是不去刻意追求上升为某个普遍的理论。事实上，人们通过经验叙事，不仅可以说明事情是如何发生的，同时也是一种由认知转变成传达的方式。当叙事者细致地讲述当事者做了什么，怎么做，这样做接下来产生了什么影响的时候，他实际是在讲述一个在他看来有意义的东西；并且，他在表述事件始末的过程中通过强调、忽略等方式，来告诉读者他在经验研究中所寻找到的意义，然后表达这种意义。这样来看，叙事就不仅仅是叙事本身，它更是个体如何看待经验、表达思想的有机活动。叙事者的目的，不仅是让读者经历这种经验，同时还要使读者反思这种经验，寻找意义，进而求得理论自身发展的可能。

进一步说，经验叙事还是更为开放的理论研究方式。一般认为，在方法研究中采用经验叙事，必须与科学的情境、实践特征相吻合，澄明所要研究的现象，将科学家的言语、感受、情感、思想以及行动揭示出来。这就表明，叙事具有多义性。它不可能用因果关系来加以解释，而只能用多义性的诠释来加以理解。对此，布鲁纳（J.Bruner）有个生动的比喻，他说："你可以对一个落体作解释，因为有重力的理论可循。但当那个传奇的苹果掉到牛顿爵士的头上时，你对于他的脑袋里发生了什么事情，就只能作诠释。"① 更重要的，对意义的诠释只是暂时的，没有终点，而总是处于未完成的开放状态。这种开放性，不仅是当研究者再次回到现象时，新的诠释会产生；读者也可以根据自己的理解决定是否同意研究者所给出的诠释。在这个意义上，以无止境的意义诠释为核心的经验叙事，又是一种开放的理论方式。

总之，方法研究中经验叙事的本质，是在于寻找一种合适地呈现和揭示科学探究经验乃至穿透经验、获得意义的话语方式。它一方面通过叙事来尽可能地展现创新方法的过程真实，以使方法研究与真实的科学实践形成经验性的关联。另一方面，它不放弃对经验意义的探索，以使方法研究提供一种经验的和开放的理论发展方式。根据这样一个主旨，我们找到了由以进行创新方法研究的具体方式，即范例研究。

"范例"这个词来源于拉丁语"exemplum"，意思是"例子"，更确切地说，是"好的例子"，"特别清楚的（言简意赅的）例子"，"典型的例子"。《现代汉语词典》的解释是"可以当做典范的事例"。其中，"典范"指可以作为学习、效仿标准的人或事物，"事例"指具有代表性的、可以作例子的事情。因此，范例就是指可以学习、仿效、具有代表性的例子，可以是事件、行为、史实、典故、案例、观点等等。因而在不太精确的意义上，"范例"也被替换成"实例"、"事例"、"案例"、"个案"、"个例"、"判例"等各种称谓——某些如下文中散见——这是由于审视角度相异，对其进行了各有偏重的描述。

① 丁钢．声音与经验：教育叙事探究[M]．北京：教育科学出版社，2008:98.

范例思想古已有之。早在古希腊、罗马时代的教育理论中就能找到范例教学的基本思想。哲学家苏格拉底创造的“问答法”由其得意门生柏拉图编辑成书，并在书中附加了许多日常的小故事，通过故事来说明道理。这些故事就可以看做范例的雏形。很快，这种方式又被宗教教义承袭，一个个生动隽永的故事在宗教典籍中出现，让教徒们刻骨铭心并从中领悟玄机。某种意义上，布道就是在进行着生动的范例传播。

图4-2　孔子像

中国也是世界上最早进行范例传播的国家之一。早在春秋战国时期，诸子百家就大量采用民间事例来阐发道理，比如人们所熟知的“田忌赛马”、“守株待兔”这些生动的寓言故事。再有一些史书，也都善于一事一议，以例论理。再要特别提到的，是孔子“不愤不启，不悱不发，举一隅不以三隅反，则不复也”[①]的这句名言。南宋思想家朱熹解释说，愤者，心求通而未得之意；悱者，口欲言而未能解。这句论述启发式教学的名言对后世影响很大。它同时表明，孔子的教育方法中已经或多或少地体现出了举例的思想。

近代，在哲学和教育范围内，又有夸美纽斯（J.A.Comenius）、康德和胡塞尔（Edmund Husserl）等人阐述过范例在认识、道德和审美能力形成中的作用。经过发展，这一思想最终在19世纪末促成了一种教学方法的正式诞生。

1870年，兰德尔（Christopher C. Langdell）首任美国哈佛大学法学院院长。当时法律教育正面临着巨大压力，各种法律文献在急剧增加，传统法律教学中“讲授、背诵材料和练习相混合”的“德怀特法”（Dwight method）正遭到全面反对。受当时盛行的经验主义的影响，兰德尔认为法律是一门以案例为资料的科学，法律教育中的课程也应该主要由案例组成，法学院则应使用案例对学生开展执业训练。他在其著名的《合同法案例》一书中指明，组成法律的每一原则或条文都是通过缓慢的发展才达到当前的状态，既然条文的意义在几个世纪以来的判例中得以扩展，这种发展因此也可以通过一系列的判例来追寻。为此，他将来源于各级法庭判决的案例按年代排列，作为法律教育的案例集，期望在对这种案例的讨论中追寻真正法律意义的演变，从而引出法律原理。

---

① 朱熹．四书章句集注[M]．北京：中华书局，1983:95．

当兰德尔在法学院大力推行案例方法的同时，哈佛的医学教育也开始改变传统的教授方法，引入临床医学模式的案例法。他们创建了附属教学医院，并在医院病房中引入了“临床职位”，让医学院学生在教学人员和临床医生的指导和监护下，进行检查、诊断、记录，负责病人的医疗工作。作为医学教育中案例教学的一种形式，这种临床实践为学生研究病例、进行科学探究提供了方便，使得整个医疗艺术被置于观察之中。案例教学的另外一种形式，是由病理学专家、临床医生、教学人员和学生共同研究病人医疗记录的临床病理学会议。作为医疗行业传统的实践惯例，医生通常被要求制作病历，对病人的情况、诊断和治疗过程、方法以及结果进行详细记录。正是这些病历记录提供了充足、丰富的教学材料，克服了临床职位有限的弊端，使案例教学在医学院的大规模运用成为可能。到了20世纪30年代，美国大多数的医学院都采用了这种案例教学法。

图4–3　哈佛大学法学院

有趣的是，法学院和医学院还都不是哈佛大学案例教学最为出名的学院。事实上，案例教学的最终确定与推广是在哈佛大学的商学院。1908年，哈佛大学创设工商管理研究院，经济学家盖伊（Edwin F.Gay）出任院长。他倡导企业管理教学应仿效法学院案例教学的成功实践，邀请了15位商人参加哈佛商学院“企业政策”授课。第一次上课时，每一位商人报告他们遇到的问题，并解答学生提出的询问。第二次上课时，每一个学生必须携带分析和解决这些问题的书面报告。第三次上课时，商人和学生共同讨论这些书面报告。这些报告便是哈佛商学院最早的真实案例。

案例教学在商业领域的最初运用进展并不顺利。1919年多汉姆（Mallace B.Donham）接任商学院院长。他毕业于哈佛法学院，精通法律，并在哈佛商学院任教公司金融学。这样的背景，让他看到了法律和商业管理教学之间的关联性。他敏锐地认识到丰富的教学案例也是商业管理教学成功的关键。此后几年，多汉姆为案例开发研究和案例教学推行做了大量卓有成效的工作，既保证了哈佛商业教育拥有充足的案例来源，又保证了哈佛商学院作为商业

图4–4　哈佛大学商学院

教育中案例教学的主要倡导者的地位。到1922年之前，哈佛商学院案例方面的书籍被85所学院采用。而直到20世纪40年代中期，哈佛才结束独善其身的做法，开始向外大力推广案例教学。如今看来，无论是1949—1954年“人际关系”课的案例讨论，还是1955—1965年的客座教授案例法项目，都对澄清概念、统一术语、对案例教学的功能与意义达成共识起到了良好的推动作用。

从哈佛大学的成功做法开始，范例思想作为教学方式在法律、医学和商业上的运用就变得非常普遍。而从范例思想发展的整个历史线索来看，人们也会形成这样一种印象，即范例思想与教育似乎有着深厚的渊源和扯不开的联系。仿佛只要一说到范例、案例、事例，总都是为了教育的目的。到了最后，索性就直接表述成了“案例教学”这样的固定语汇。事实上，在为教育实践服务之前，案例作为载体应首先体现为一种研究方式的存在，这就是案例研究。并且，在严格的意义上，用于教学目的的案例研究也不能完全等同于作为研究方法的案例研究。前者只需要建构可以供学生进行研讨和辩论的框架，并不需要完整或准确地再现实际事件；评判用于教学的案例研究是否成功，与作为研究工具的案例研究的判别标准也相差很大。另外，医疗病历、社会救济档案或其他形式的档案常被用于治疗、司法审判或社会救济。这种用于实务操作的案例研究与用作研究工具的案例研究的标准也是截然不同的。[①] 下面，就具体地来看一下作为探索某一研究课题之工具的——案例研究。

3. 范例研究的优长

范例研究，在某种程度上还是一种新的叫法或者称谓，它是从大多数人所熟知的个案研究或案例研究（case study）引申而来的。只不过与个案或者案例相比，范例这种叫法想要更加突出例子的典型性。为了避免引起不必要的混乱，自此本书一律将各种说法统一为“范例研究”。

关于范例研究的界定，通常可以从它的研究单位（即范例）、研究方法、研究目的分别展开。着眼于研究单位，一个范例研究就是对典型人物或典型事例所进行的密集的、整体性的描述和分析；着眼于研究方法，范例研究就是对真实场

① [美]罗伯特·K·殷．案例研究：设计与方法（第3版）[M]．周海涛，李永贤，张蘅，译．重庆：重庆大学出版社，2004:4.

景下某一现象或事件运用定性的、复杂的和综合的方法进行的实证性探究；着眼于研究目的，范例研究被认为是发掘研究范例所属类别的特性，达到对所研究主题的综合理解。总说起来，每一种界定方式都向人们展示了范例研究的某个方面，并对这类研究本质的总体作出了一定贡献。

范例研究也可以进一步通过其特征进行界定；而一旦将其特征加以阐明，范例研究的优势也就能够得到充分的展示。一般来说，范例研究强调借助实际材料来说明抽象观点，因此它具有独特性、描述性和诠释性的特征。

独特性指的是范例研究关注特定的情境、对象、现象或事件。范例本身具有丰富的演示价值，对于其所反映和代表的对象、事件的意义十分重要。范例研究正是通过审视一个典型的具体事件而展示一个普遍的问题，揭示出它的规律和实质。这种对独特性的关注使得范例研究尤其适合于对实践问题的研究。它通常“专注于特定人类群体面对特定问题所采取的对策，对情境保持整体性的态度，它们是问题中心的、小规模的、全方位的努力”[①]。具有实践性、操作性、应用性特征的范例在范例研究中占据中心地位。因此，相比于抽象的规范性研究，范例方式普遍有着较高的显示度。就创新方法范例研究而言，由于它关注的不只是方法概念本身，还有人和事，触及著名科学家的生平和思想的逐渐演进，其内容是很生动的，也更加易于理解普及。

描述性是指范例研究的最终成果是对所研究现象的一个深度描述。“深度描述”（thick description）是从人类学借用过来的一个术语，意谓对所探索的实体或事件所进行的完整的、文学性的描述。范例的主体部分若是人物，就要有人的发展或经历；若是事件，就要有事件的情境与经过。范例研究通常还会包括尽可能多的变量，并描述它们在一个时期内的互动，范例研究因此也可以是纵向研究。就方法这一主题来说，区别于规范性研究理解科学方法的回溯式（retrospective）视角，范例研究更加突出了进行中的（ongoing）视角，以一种与境（context）相结合的方式导引出了科学探究的过程及其中各种要素的作用和渗透。

解释性是指范例研究所展示的是对所研究现象的理解，即解释问题的原因、情境的背景、发生什么以及如何发生。在此基础上，它可以带来新的意义发现，印证读者已知的东西或者拓展他们的经验，对于提供事物怎样发展的丰富洞见也

① Shaw K E. Understanding the Curriculum：The Approach Through Case Studies[J]. Journal of Curriculum Studies，1978，10（1）：2.

是可以期待的结果。正是基于解释性这种内在过程之特征，范例研究使人易于获得连续起作用的知识、能力和态度。相较之下，规范性研究略去动态性和过程性的一面，仅注意到程序性规则的记诵和机械化应用，不仅不能使人们真正掌握，反而有可能导致某种畸形的教条倾向。

对于范例研究的特征界定，旨在阐明这种研究方式的优长与独特之处。作为一项集中的阐述，有研究认为从范例研究中所获得的知识在如下几个方面不同于其他研究①：一是更加具体。范例研究和我们自己的经验相一致，因为它更形象、具体，更感性而非抽象。二是更情境化。由于我们的经验根植于场景，范例研究知识也是如此。这种知识有别于其他研究方式所提供的抽象的、正式的知识。三是更多读者解读。读者会把他们的经验和理解带到范例研究之中。这些关于范例的新信息与读者原有信息融合后就会有新知识生成。这些生成，就是范例研究“产出知识的有机部分”。这样，和传统研究不同，由于读者的参与，范例研究知识的效度被大大延伸了。

4.“事后诸葛”的事前意义

前面说过，考察任何不确定的东西的企图本身，从一开始就包含着一种矛盾。很显然，对于今后未可知的结果，谁也无法说出如此那般就是为了达至它所必须做的事情。抑或说它就像一条地下河流，绵亘悠长的路程是隐秘不见的，即便只是一般地谈论它，也只能由结果推断。这里，对于在科学发现事后研判其中创新方法的做法，同样如此。

必须承认，围绕创新方法的任何探讨无法不依赖于其成功已被承认的伟大科学家和他所进行的实践。“正因为艺术无法精确界定，所以它只能经由体现其精旨的实践范例来传承。你得首先崇信一位大师的作品，继而才能观察他并从他那里真正学到东西。”同样，“唯有相信科学的实质与技巧本质上就是健全的，我们才能把握科学的价值观和科学探寻的技能。”②一直以来，科学都被公认为人类文明所创造出来的对创新方法的最好表述。当面对科学英雄的成功记录时，人

① [美]莎兰.B.麦瑞尔姆．质化方法在教育研究中的应用：个案研究的扩展[M]．于泽元，译．重庆：重庆大学出版社，2008:23.

② [英]迈克尔·波兰尼．科学、信仰与社会[M]．王靖华，译．南京：南京大学出版社，2004:14.

们都会由衷地赞美他们的智慧，并深深相信，这些卓越科学家所以能在自己的领域里取得辉煌的成就，必定拥有一种实践科学的独到方法，有些甚至是完美无缺、无与伦比的，也许除此而外，再不可能想象出别的更好的方法。

让方法的研究回到应用它们得到的无数成果，也就是回归历史。《吕氏春秋·慎大览第三》中《察今》一文说“察今则可以知古”，其实就科学而言，反其义亦为真。以古察今，以所见知所不见。人们常说历史感是一种高级的思想体验，只有具备历史感的战略家才是伟大的战略家。这也是在强调一种“后见之明”。对科学的过去进行研究，只要通过它与当代和未来科学探究的关联性，便可证明这种研究是有道理的。即便它对于科学家从事创新并没有直接的帮助，但倘若他们想到这种知识就会像一种他们几乎想象不出的对某事物的启示，那便是有意义的。何况方法研究的明晰性优势，还会让那些缺乏专业训练背景知识却仍需理解和鉴赏科学家在做什么的普通人，收获有价值的信息，从而培养任何可能的创新意识。

要想预见科学的将来，适当的途径就是研究它的历史。然而，范例研究之所以时至今日才作为科学哲学与方法论研究的一种重要方式，主要与人们长期以来对待科学史的态度有关。

科学史上科学家成功个案的示范功能起初是一个重要的主题，那时候不乏有人相信，科学史研究有助于提高对科学思想如何形成的认识，而范例正是科学史进步阶梯上的宝贵足迹，那里蕴藏着很多人所梦想的发现之艺术。莱布尼兹就说过，科学史“对于开始了解伟大的发现，尤其是那些不是碰巧而是通过思考做出的发现的真实根源，大有裨益。其结果是，不仅科学史承认了每个人所作出的贡献（即确定客观的历史事实），其他人受到鼓励去获得类似的名声（即起激励作用的伟大典范），而且当人们通过杰出的范例找到研究途径时，发现的艺术（ars inveniendi）便得到发展”[①]。一个世纪以后的威廉·惠威尔（William Whewell），也照样认为科学

图4-5　莱布尼兹

① [丹]赫尔奇·克拉夫．科学史学导论[M]．任定成，译．北京：北京大学出版社．2005:5.

史的研究是为类似的理由进行辩护。在他看来，“考查我们的先辈获得我们的智识遗产时所留下的足迹……可以教育我们如何改善和增加我们的知识储备……并且给我们指出某种最有希望的模式，指导将来的努力方向，使之更加广泛，更加全面。”①

如果不是对科学方法以及科学可能获得的成功的往往是过于傲慢的自信，如果不是19世纪那场浩大的实证主义潮流，科学哲学与方法论也不会在后来采取一种相对非历史的形式——正是由于认为科学方法是明确而通用的，历史视角才变得狭隘起来。而最后，科学史在20世纪之交成为人们再度感兴趣的对象，一个重要的原因，就是科学史知识的教育价值开始得到社会的认同。这方面日益增强的趋势可以为普通教育课程中科学概览占突出部分所证明。

到20世纪中后期为止，人们已经深刻地认识到，再没有比过去努力的历史更好的东西可以对科学训练起到作用。想必与哈佛大学把法学判例与法律教学联系起来进行应用的初衷相似，毕竟，科学事业历史中的某些时期、某些事件具有特殊的重要意义，如果没有具体的例证，关于科学进步怎样取得、科学事业怎样运行的概括就将是空洞的，也“只有通过这种方法才可以培养出承继科学事业的人们，使他们体会到科学的永恒运动和它的人道价值”②。而这期间，在科学史如何融入科学教育的问题上，更多的关注也开始从历史事实的躯壳深入到展现科学史内在价值的目标上来，科学方法就是其中一个重要内容。

也正是科学教育由过去强调科学作为知识体系向强调科学作为探究活动转变的过程，让很多科学方法论学者相信，最好通过科学史上的个案研究来引发学生对科学探究过程的兴趣，从而促进他们对科学方法的本质理解。当然，它不仅具有科学教育和通识教育意义，对于科学方法论自身而言，个案研究同样不失为一种恰当的研究方式。这也是导致当下创新方法范例研究工作的一个重要原因。

对过去的研究实质上就是对重要性的研究，而之所以从科学史、从范例着手进行创新方法研究，却不仅仅是由于如萨顿所洞察到的那样，科学史本身在很大程度上就是一部方法史③。更重要的，它的目的还在于改变人们、尤其是科学家对科学方法论在本质上作为自主性研究价值的怀疑。如前面所说，规范性研究的

---

① [丹]赫尔奇·克拉夫．科学史学导论[M]．任定成，译．北京：北京大学出版社．2005:5.

② 刘兵，江洋．科学史与教育[M]．上海：上海交通大学出版社．2008:22.

③ 李醒民．科学方法概览[J]．哲学动态，2008（9）．

某些特征，已经使得那些目的在于告诉科学家如何开展工作的科学方法论的哲学描述变得多余。虽然有些科学哲学家已经试图通过不断要求自己和他们的学生具备特殊的科学学科的详尽知识来克服这种差距，但是这样的努力收效甚微。目前弥合鸿沟所存在的基本困难在于，职业科学家不再参与到对科学方法论的讨论当中。而范例研究的一个重大功绩，正是让那些精通如何创新的科学家对哲学家关于科学方法的论述重新感兴趣。而一旦科学家参与其中，又将对方法研究作出多大意义的贡献，那就无可限量了。

当然，有人可能还会置疑。因为他们坚定地相信，方法论原则产生于对科学领域内大量样本的分析，而不是对特殊范例的分析。对此要说明，创新方法研究采取了综合范例研究这一复杂方式。综合范例研究也被称为跨范例研究，多范例研究。它研究的不是一个而是多个范例，能够相互印证。在本研究中，不同范例涉及不同科学学科领域的创新方法，这种有意为之的差别将使得研究结果的解释性更加引人注目。通过对一系列主题相似而内容不同的范例的审视，不但可以理解一个单一范例如何展开以及为什么它会如此展开，而且，还可以加强研究成果的精确性、稳定性以及有效性。事实上，多范例的根本意义就在于它提升了研究成果的外部效度、加强了所谓的“后见之明”。

尽管如此，也不得不承认，创新方法的范例研究本质上仍然是归纳主义的，它并不能包含所有科学创新的研究历程。但创新方法范例研究的目标是在归纳中前进，哪怕通过并不被认为是系统的努力，也要让人们在某种程度上理解，没有所谓一成不变的科学方法。因此，他们就会以类似“任何可以解决研究问题的方法就是好的方法”的观点修正此前关于科学方法的概念框架。这样来看，增大创新发生的可能就不再是什么不切实际的臆想了。

二、为何选择创新方法范例研究

本书最为重要的任务，就是寻找一种相对适合的方式来向人们阐释科学探究的途径与作为探究的科学的本质。目前为止，很少有书目或文献把从范例出发来研究科学方法看成是最主要的原则。尽管如此，对科学史上的确实情况进行平心静气的详细考查，仍是兑现那些作为整个哲学研究基础的方法论建构预想的首要工作。而作为一种新的研究范式，范例研究问世不久也即显示出了重要的研究价值。为了表明范例研究之于创新方法问题的适切性，这一部分将在更加细节的意义上作出论证。

1. 范例研究的适用

可以认为，范例研究方法的问世和运用“标志着人们对于社会实践和人类思维方面认识的一种不可避免的、合乎逻辑的发展”[①]。但长期以来，这种研究方式受到的并不完全都是赏识，也还有一些关于它的种种负面的说法。例如范例研究一度被认为是最不具科学性、最不可靠的方法，而那些采用范例研究法的学者往往被贬抑为自甘降低学术自律精神。[②]

实际上，运用范例研究进行学术探讨对于绝大多数研究者来说都是一种高难度的挑战。若不是篇幅所限，我们也非常愿意为诸位细致地描绘出另外一幅图景，以严谨、扎实的论证来反驳那些对范例研究的不实指责，说明它是可以信赖的方式。但在这里，重点想要说的是，像每一种研究方法都有其长处与不足一样，采取范例研究，也要考虑它有何具体适用的条件。换言之，只有符合条件的问题的研究才能最大限度地发挥范例研究的优长。从这个角度去论证，我们认为会更为客观。

根据以往的情形，范例研究风行于许多领域。特别是大多数应用社会科学领域的研究者，都在其训练或工作中接触过这种研究方法。法学、医学、心理学和社会学通常运用个案研究来服务于个体顾客，政治科学、商业、新闻、经济和政府也发现个案研究对于政策的形成大有助益。大致说来，上述学科之所以会采用这种研究方法，是因为它能够使研究者原汁原味地保留现实生活有意义的特征，以此帮助人们全面了解复杂的社会现象。[③] 这里也不难总结得出，范例研究一般

① [美]罗伯特·K·殷．案例研究：设计与方法（第3版）[M]．周海涛，李永贤，张蘅，译．重庆：重庆大学出版社，2004:译者前言．

② [美]罗伯特·K·殷．案例研究：设计与方法（第3版）[M]．周海涛，李永贤，张蘅，译．重庆：重庆大学出版社，2004:英文版前言．

③ [美]罗伯特·K·殷．案例研究：设计与方法（第3版）[M]．周海涛，李永贤，张蘅，译．重庆：重庆大学出版社，2004:3．

适用于以下的情况：

其一，范例研究所适于研究的问题具有实践性。待研究问题与实践联系十分密切，其理论和观点或者来自实践，或者需要实践来说明、解释。在这种实用的、面向行动的研究目标之下，范例研究作为一种重要的途径，可以提供扎根于实践的具体经验，帮助人们更好地开动大脑。正如罗伯特·K·殷（R.K.Yin）所认为的，对于“怎么样”和“为什么”的问题，范例研究有明显的优势。①

其二，范例研究所适于研究的问题具有复杂性。待研究问题的复杂性表现在，往往是众多的因素影响这个问题，又或者，这个问题与其他的问题交织在一起发生变化。这就使这一特定问题的提出和解决被纠缠在复杂的因果关系之中。范例研究关注整体的描摹和解读，因此极其适合描绘复杂性的情境，即无法把现象中的变量从它们的场景中剥离出去的情境，或者，不是一个而是多个因素对结果之所以会如此发挥了作用的情境。事实上，范例研究能够从其他研究中区分开来，正是得益于科龙巴赫（L.J.Cronbach）所提出的“在场景中解读”②的观点。通过聚焦于单个范例，研究者力图发现现象中主要因素交互作用的特征。

其三，范例研究适于研究具有后见之明，但对当前和未来也有密切关系和深刻意义的情况。一来，如果你对过程感兴趣，范例研究就是特别适合的研究方式。过程作为范例研究的重点领域可以从两个方面来看待其意义。第一个意义在于追踪，即描述所研究的对象、了解策略被实施的程度，用一个具有形成性的方式提供即时回馈。第二个意义是解释，即描述过去的时光如何导致了当前的结果，从而发现对事物或目标发展起到影响作用的要素特征。二来，只有对问题的过去事例进行总结、评估和概括，才有可能提升其潜在的应用性。范例研究可以提供洞见、阐明意义以拓展读者的经验。这些洞见同时可以被建构为尝试性的假设，为今后的研究奠定基础，因此范例研究在推进某个特定领域、特定问题的知识基础方面有着重大意义。

任何问题都有适切的研究方式。反过来，任何研究方式也都有可以发挥其优势、适合其研究的问题。归根结底，一种研究方式价值的发挥与是否可以最恰当

---

① [美]罗伯特·K·殷．案例研究：设计与方法（第3版）[M]．周海涛，李永贤，张蘅，译．重庆：重庆大学出版社，2004:11.

② Cronbach L J. Beyond the Two Disciplines of Scientific Psychology[J]. American Psychologist，1975:（30，123）.

地对研究问题进行探索有着内在的关联。正如规范性研究适合对情境有着严格控制的研究一样，如果研究者需要某个特定人群特征以及研究所关注的问题的信息，则范例研究就派上了用场。因此，一种研究方式之所以被选择，主要是根据研究问题及其性质，依赖于研究者想知道些什么而定。

具体到创新方法这样一个课题，范例研究是一个特别有诱惑力的研究方式——创新方法的过程、要素、机制等都可以通过范例研究进行解读并进而影响和改善科学实践。下文不仅将表明范例研究对于创新方法问题是适合的，而且创新方法问题对于突出范例研究的优势同样是重要的。

2. 创新方法范例研究的启发性

目前为止，人们对于科学探究实践的成功并没有多少富有说服力的解释。并且，在创造性的意义上，这种成功恰恰是以个体的差异为表征。这种情况下，要让更多的人相信我们的研究还能够探寻到去创造更巧妙方法的途径，便需要对这种探寻本身进行某种整体性、历史性的描述。毕竟，关于方法的最好展示，是要回到科学本身。

的确，如果没有具体的例证，关于科学探究如何进行的概括就将是空洞的，更谈不上有何启发。相较于一般意义的或者说是规范性的方法研究，范例研究这种活动将使我们拥有最大量的听众。而之所以如此，正是因为它能够提供可供深入思考的描述，具有整体性和生活化的特征，从而可以传递富有启发性的默会知识和能力知识。

根据当前对知识研究的最新成果，可以把教育的目标划分为学科知识、信息知识、默会知识和能力知识这四个知识群。① 其中，学科知识是整个知识领域的基础，它可以明确给出每一阶段的教育所必须掌握的知识目标。这些目标又可以通过传统的教学活动得以实现，教育成果也是可以方便地评价和测量的。信息知识主要包括获取信息的技术与方法，与学科知识类似，这部分的知识也可以分解为各个教育阶段的作业目标，并且容易评价。这里重点要说的，就是默会知识、能力知识这两个其实与科学方法最为相关的知识种类。这两类知识不仅是我国教

① 方明．缄默知识论[M]．合肥：安徽教育出版社，2004:213-214.

育所欠缺的重要部分，而且，对于它们的研究与传授，传统教育所采用的规范性方式已然陷入了力不能及的困境。

众所共知，要想作出科学的发现，就必须在科学研究的过程中形成许多连自己都不甚清楚的科学技巧，或者说必须将那些一般意义上的科学方法转变为自己的科学实践结构中不可分割的一部分。然而，规范性的方法研究成果似乎并不能为这种转变作出多少有用的贡献。因为它只注重传播现成的方法，既不清楚这些方法所以被广泛使用的原因，又不交代它们是如何被用于科学研究实践的。由于远离了日常的经验情境，助长了方法脱离行动的倾向性，在很大程度上导致学生只能一味运用逻辑力量机械识记，而无法培养起自身的行动潜能和参与活力，也便不能形成上面所说的默会知识和能力知识。这就好比学骑自行车，一个学骑自行车的人尽管可以掌握许多别人告诉他的明确规则或关键要领，但这对他来说无论如何都是不充分的。他必须在学骑自行车的过程中真正地理解和运用这些规则，并从中发展出许多只有自己运动着的身体才能够适应的个性化的新规则。一样的道理，如果没有对一般科学方法成果的经验、理解和应用，一个人即便看似对各种方法了如指掌，一旦真正面临实际问题，却未必能够做到融会贯通、应对自如，独辟蹊径更将无从谈起。

人们常说，教育别人的最佳办法是言传身教，而提升自己的最佳办法是身体力行。看来在方法的教育上，能促使学生在情景中学习，在活动中学习，在研究中学习，这一点是极端重要的。恰恰是在这里，范例研究提供了一种加强与生活世界沟通、发展实践能力的重要途径。它把方法视为正在形成中的东西，通过再现那些极具典型性和代表性的科学实践案例，使科学创新过程中最生动的方法论部分体现出来。在这一过程中，人们首先可以与范例所描述的具体情境取得认同，以此为基础，自觉并积极地投入自身的主体意识和感性体验，进入一场“边缘参与”之旅；范例研究的启发性，还在于它在它所描述的具体情境下渗透了关于发现与创造的默会知识，人们从中可以领悟和掌握诸如提出问题的时机，科学创造工作的先后顺序和调整，有效的思维模式，如何合作，与问题切合的方法的选择以及判断研究成果优劣的标准等诸多“秘密”研究技巧，从而使把握某些重要的科学经验变得更加容易。更重要的，通过对范例举一反三，人们触类旁通的迁移能力也得以加强，从而有助于其将所获方法延伸用于自己的科研实践。除此之外，在一个并非不重要的意义上，范例研究也更多地运用了日常话语而不是科学的术语或者专业的行话，可以使研究的结果更容易与非专业的读者进行沟通，在一个更大的范围内，使人们的创造意识和探究热情得到激发。

3. 创新方法范例研究的引导性

上面论证了，对创新方法主题而言，范例研究是一个合身定制的研究范式。不仅如此，根据创新方法这一核心视角裁量的范例，也大大超越了一般科学范例所能体现的引导意义。

不可否认，一般意义上的科学范例是知识教学中一部分很有价值的内容，在一定程度上也可以帮助人们理解科学研究的方法以及科学家在研究中所采用的思维方式。然而，创新能力的培养却并不能仅仅通过科学教育过程自动完成，还需要专门的训练。

创新是为了探索、理解和扩展经验，创新能力作为某种指导经验的内在洞察力，尽管与知识有着密切的联系，但它们毕竟不是一回事。正如著名创造学家和教育家德波诺（Edward de Bono）所强调的，“进行思考”本身并不能提高思维的技巧。如果最终的目标是发展创新能力，那么，那种把创新能力视为知识副产品的方法就不是十分有效的。因为即使对内容的讨论再充分，到头来也不会使内容本身转化为能迁移的创新能力。[①] 人们的确需要花点专门的时间来接受方法的训练。这就好比一个作家如果没有花时间专门学习打字的技巧，即使他长年进行打字写作，他的打字速度和工作效率也不会有大的提高，是一样的道理。我们不能指望在接受科学教育的过程中自然而然地就掌握了科学技能，除非那过程本身包含了丰富多样的各种情景。跟打字员学打字一样，下一番工夫直接进行方法训练也许更好。

有人或许会说，创新能力在知识的教授过程中也可以得到发展。传统的学校教育不正是这么做的，而且也培养了一大批杰出的创新人才吗？对此，德波诺指出，尽管传统教育也培养了一大批人才，但这并不意味着过分注重知识的教学在培养人才方面是有效的，人才的成长主要是一个自我完成的系统。[②] 何

① [英]爱德华·德波诺．思维的训练[M]．何道宽，许力生，译．北京：生活·读书·新知三联书店，1987:4.

② [英]爱德华·德波诺．思维的训练[M]．何道宽，许力生，译．北京：生活·读书·新知三联书店，1987:2.

图4–6　苏霍姆林斯基（中）

况，方法向来比知识重要。随着知识存量的增长和更新速度的加快，想通过学制教育使学生掌握为今后生活中一切场合需要的所有知识已不可能。而且，知识总有一天变得陈旧无用，真正重要的是产生这些知识的思想方法。苏联著名教育家苏霍姆林斯基（B.A.Cyxomjnhcknn）很早就提出，学校的首要任务是“教学生学会学习”。对于高等教育而言，由于关系到科学事业的未来从事者对科学训练意图的理解，方法的教育就显得更加重要。再从更广泛的意义上，许多大学权威感到，不论一个人的未来生涯是否与科学工作有关，如果他没有对社会发展背后的科学原理和方法的理解，就不能对现代社会产生影响。所以，就科学对于实际生活的价值而言，在方法上提供有效的训练，其意义也格外重大。

无论如何，创新方法研究及其基础上的方法训练，都是十分必要的。与从严密的科学教育中获得科学的基本训练不同，这种专门意义上的方法教育是人们掌握科学方法、运用科学方法的高阶训练，是所有科学训练的基础。在我国，实际早在80年前蔡元培就曾指出，昔日所教授者皆为前人之研究成果，言进程及方法者极少，今当注意方法问题。然而，由于历史和社会原因，我们国家目前从幼儿到大学教育仍然偏重知识灌输，不注重启发求知、提升能力、塑造人格和培育理念，直至近年科学教育改革的展开，才真正开始重视科学探究教学和创新方法教育。鉴于创新方法在科学演进中的地位与作用，今日之教育不但不能等闲视之，还应把它作为基本内容，作为素质教育的首选。

可以看到，在以方法为主题展开的范例研究里，构成范例的，是研究者所关注的与方法和创新方法有着紧密关系的方面，也许对象、事件、情境因范例不同可能有很大变化。但主要的方法视角在这些范例中保持着核心的地位，方法始终走在事实材料的前面。这样的特别设计，将免于造成因关注大量历史细节而淹没科学中更重要的事情，对于人们集中把握科学探寻的技能有着直截而深刻的作用。以此对比一般的范例研究，后者纵然能够根据一大堆一般个案引出些经验或者教训，但其基点并非都在同一个方向上，因此具体到如何获得创新的技巧、规则这些东西，从一般科学范例中即使可以学到一些，也是有限和狭窄的，更加无法反映创新方法的具体过程、无从体现科学活动的精旨，从而也不可能为学习者获得连续起作用的知识、能力和态度打下坚实的基础。拿思维技能来说，从一般科学范例中我们也许可以获得分类、解释、综合事实以得出结论等技巧，这些在思维中固然重要，但也只是全部思维技能的一小部分。更多的像如何决策、考虑别人观点、应付冲突、进行推测、预防偏见、消除成见、解决问题等这些更能体现科学活动精旨的思维能力，在创新方法的范例中则比较容易得见和体会。

总的来说，在创新方法的研究与教育中采取范例方式，比一般意义上的范例研究与教育更能体现范例的引导功能。这种引导效能不仅对于将来创造新科学的人们是显著的，对于教育家和对于各种事业的先导者们也是同样重要的。它的影响甚至还可以扩大到科学以外的生活领域，对于广大群众以及那些只能满足于在学校读书的那几年获得一点文化知识的人们，也许有着更为重要的文化和教育价值。

三、范例研究的路径勘定

1. 范例形成的要素、机制及与境

仔细甄别、择优选取典型的范例是创新方法范例研究的第一步。在基本确定了某个范例之后，具体的研究者在某种程度上还要承担起类似科学史家职责的那部分工作，即掌握范例研究所需要的原始材料。

大都知道，科学史研究本来是通过归纳特殊案例研究而产生的，而按照科学史研究的经验，科学家和科学史家相对于范例证据的情况往往是令人绝望地不对称。比如科学家可以最终产生并显示关键性的事件，如有进一步的需要，他也可以一再考察与重复讨论，但科学史家很少能做到这一点。具体到创新方法范例研究，作为范例中的当事人，科学家自己很少能够提供关于新想法产生情况的原始资料，这却恰恰是我们的研究最有兴趣的任务之一。这一点就要求研究者不能远离范例的基本事实基础，更不能躲避在堂皇的意图之中仅仅提出一些空洞的大概念。

为了使研究收到预想的效果，在研究者方面的功课一定要做足。就其本身所

应具备的学术素质而言，研究者不仅必须谙熟科学方法的一般事实和理论，而且要尽可能地熟悉具体范例相应的科学分支，否则他就无法透彻地理解范例中的科学家所参与的任何事情。与此同时，范例研究本身还要求研究者个人要具备较强的观察、移情、直觉、判断及其他心理能力，从而做到既可以从科学家的本位视角出发去理解他们所经历的复杂现象，又能保持调查者独立的他位视角，这有助于理解范例的理论意义以及报告研究成果。

在照此熟悉了某位卓越科学家具体工作的基础上，研究者接下来的一项任务，就是勘定进行范例研究的具体路径。既是创新方法范例，必然是科学探究方式成功的典型。而导致其成功的众多理由，比如杰出的富有天赋的当事者，恰好合适的时间以及社会的和智识的环境等，自然就可以成为着手研究的可能线索。这里，由于可待切入的方面是异质性的和复杂的，在主旨、视角以及问题域、应答域上均有很大差异，因此，研究者此处颇要费点周折，将那些需要说明但却十分零碎和模糊的概念结构扩展为条分缕析的研究路径。不消说，这是任何使用实例论证模式的研究都必须做的。

静态地看，一个完整范例的构成，需要一些必不可少的要素，比如作为范例主体部分的人物或者事件，比如对于反映问题本质具有直接启发性的部分。就创新方法范例研究而言，研究者必须首先建立起范例成立的要素目录，才能结合具体范例对其要素逐一加以分析，从而达到对范例的深入理解。本书将创新方法范例的构成要素归纳为两点：一是作为范例主体或当事者的科学家，对任何真正的创造性的工作而言，创造者自身往往是独特的，对科学家本人的特殊经历与个性特质进行分析，自然也是为后续理解他们如何创新方法所做的重要铺垫；其二，为了方法研究之目的，创新方法范例显然必须体现科学家是如何地创新了方法，而方法的创新又是如何影响了科学的进展。只有囊括了这两方面的内容，范例研究才能成为一个整体的陈述。

在动态的意义上，研究者还必须探寻范例得以形成的关键机制。一般而言，人类影响其认识结果的因素是多方面的。如此，在考虑方法范例形成的内在机制时，研究者必须着重考虑若干个相互交叉却不重合的方面。比如理解一个人的行动，首先就在于阐明行为背后的意图，或者陈述对他的行动起作用的那些动机或原因，这一条轨迹就是动力机制的分析。在认识层面，则要充分理解科学家曾致力于什么目标？对摆在面前的课题他们有哪些已经掌握的资料和无所知的状况？

以及，他们怎么想并且怎样同他们的问题苦斗？很明显，这一条轨迹追踪的是范例当事者认知心理的发展过程。在实践领域，研究者则要寻求那些似乎可以通过实验室门的钥匙孔看到的事件，考虑科学家有什么实验装置、设备工具，又凭借着什么技术、资料在重大的科学挑战中作出了历史上所记载的贡献？这一条轨迹考查的即是范例当事者的实践运作部分。

事实上，正是在探寻范例形成的内在机制方面，研究的难度开始显现。长期以来，作为一种公共活动，科学的成功似乎是与系统地忽视个人的奋斗相联系的。但在真正要分析一个人从事科学活动的作为时，科学的原材料一开始必定是私人和个体的。可以这么说，比起大多数其他领域来，在科学范例形成机制等细节方面，对从过去至今的链条中这种最脆弱的环节，一直是被不恰当地忽视了，以至于在许多场合非常难以提供“发现的前后联系”。像在为数很多的大学中，文学家的每一张纸片似乎都受到文件档案处的欢迎，但人们很少看到收藏科学通信与实验室记录的地方。再就当事者本人而言，除了少数例子，直到最近，科学家们还不耐烦这种对“个人的私事”的研究，甚至认为那些实际发现中似乎非逻辑的本性有可能是对科学和理性本身基础的威胁。

尽管如此，研究者仍然需要集中注意力去搜集具体范例在创造性阶段的可靠事实，不放过任何足以影响创新发生的细枝末节。例如通过那些表示处于思辨、初生阶段的科学思想记录的物理遗迹，研究者可以发现科学家在科研初期是如何进行创新工作的。这一时期所以重要，是它处在得到整齐结论之前的无序状态，处在最早的、通常不能形成文件证据的新观念产生之后，和新观念系统化、被发表并被吸收在科学主流思想之前。很显然，这种追踪是促使范例研究获得成功的最强有力的活动。对研究者而言，同样也是一次全面的学术挑战。

当然，如果范例只把科学家描绘成一个完全自主的个体，其生机来自内心的觉悟，这就系统地忽略了科学家工作在其中的社会环境因素。也就是说，除了研究范例本身形成的内在机制，研究者还必须研究范例所及的社会组织方面，对范例成长的与境进行分析。因为最终，当一个事件变得更充分地被理解了，更多的成分会有助于这种理解。而如果不做这件事，人们将发现几乎不可能避免落入缺乏历史真实性的陷阱。对于方法研究而言，实际上有一个清楚不过的前提，“人作为社会行动者，在科学知识的创造过程中扮演着系统的角色，是观念和实践的历史载体。这就使科学的认识论有了社会历史的基础。"①

这一部分，研究者要确定科学家在其中工作的科学传统，科学建制以及更广泛的社会文化环境。这对于方法的考查不仅不是多余，有时甚至具有举足轻重的意义。简单举个例子来说，20世纪之交以及20年代末富有成果的时期，是人类处理科学问题的方法发生巨大变化的过渡阶段。然而，这一时期处在科学舞台上的主要演员的内心，真的更加接近于今天多数物理学家所具有的观念吗，抑或事实是接近于古典的传统？相信类似的探究对于创新方法研究工作将是极富价值的。而事实上，与传统的联系、与社会的联结，在比这更早的时候起就已经不能被当做问题里的预设和变式中常量来对待了。

综合以上所述，对于创新方法范例，研究路径可归结为三条，一是范例形成的构成要素分析，二是范例形成的内在机制分析，三是范例成长的文化基旨分析。如果用"谷和磨"这样一对概念来比喻范例和即将对它做的分析研究，那么，范例是分析之磨的谷物。研究者的工作就是想尽一切办法把范例研磨地更彻底些。下面，就用后两个小节的篇幅对路径一作具体阐释，至于对路径二三的分析，则留给本章的第四部分。

2. 个体的异质性和范例的共享性

心理学研究表明，独特性的观念是统计上出现概率小的那些观念，一个观念被提到的机会越少，说明产生这种观念的主体独特性越高。因此对任何真正的创造性的工作而言，创造者自身往往是独特的。在这个意义上，人类个体的异质性是发挥创造力的首要前提。因此，关注差异的个体是研究的首要任务。

科学家个体异质性的研究可以从两个维度来展开，一是科学家的人生故事，二是科学家的人格特征。先说研究者为什么需要探究科学家的个人经历呢？表面看来，个人经历的影响因为熟视无睹，似乎引不起关注，也不值得关注。然而，就其深层意义而言，作为影响人生的潜移默化的力量，经历能给当事者本人留下难以磨灭的印象，任何个体的科学行为也都在很大程度上以其历史上的经历为条件。研究者正是力图冲破表层，挖掘那些对科学家看似平淡无奇却产生深层影响

① 邢冬梅．实践的科学与客观性回归[M]．北京：科学出版社，2008:86.

的个人经历。

任何一位科学家的成长，都与一系列意义重要的个人经历相联系。也正是在对人生历程中不断出现的问题进行解决的过程中，科学家才收获了他今天所能收获的东西。作为研究者，必须明白，在任何一位科学家的个人经历中，没有单独哪一个故事可以塑造个体如今的形态，也没有哪个个人的经历能够包含有关个体的全部故事。但是，研究者对科学家的经历进行叙事的过程，依然是一个重要的过程。因为这种围绕科学家的生活或传记展开的重构，对于在一定程度上揭示他成为科学家具有清晰的意图。正是在对科学家个人经历与卓越成就的交互分析中，研究者构建出了强烈的张力。这种张力可以揭示蕴涵在历史与真实之间的重要细节，说明那些影响方法创新的各种因素，以此证实科学发展的动力。

再者，研究者对于科学家个体异质性的分析还应包括对其个性特质进行了解。当然，人类的个性是一种难以捉摸、无法量化的东西。爱丁顿（Arthur Stanley Eddington）就曾有言：“人类的个性无法用符号来估量，正如无法摘录一首十四行诗的平方根一样”[①]。但大致上，人们仍然可以从如下方面着手去了解。

图4-7 爱丁顿

其一，许多科学事件都是特定科学家之特有风格的结果。在烙刻着个人风格的意义上，科学创新与艺术创作并无任何本质上的不同。当然，我们必须首先承认，科学发现的内容是不以科学家的个性为转移的。“假如世界上不曾存在过米开朗琪罗或贝多芬，那他们的作品也会被其他完全不同的贡献所取代。而假如哥白尼或费米也未曾存在过，那基本上相同的贡献也会出自他人之手。”[②]然而，如果把科学发现的内容和得到这个发现的途径区别开来，甚至对于作出同一个科学发现，不同科学家所循的途径也因人而异。

也许有人会感到不可思议，艺术风格倒是可以研究，科学探索中也有风格存在吗？奥地利物理学家玻尔兹曼（L.Boltzmann）这样说过：“既然一个音乐家能从一首乐曲的头几个音符辨认出莫扎特、贝多芬和舒伯特，那么，一个数学家也可以从一本数学著作的头几页，辨认出柯西、高斯、雅可比、赫尔姆霍茨和哥

① [美]S.钱德拉塞卡．莎士比亚、牛顿和贝多芬——不同的创造模式[M]．杨建邺，王晓明等，译．长沙：湖南科学技术出版社，1995:104.

② [美]D.普赖斯．小科学，大科学[M]．宋剑耕，戴振飞，译．世界科学社，1982:59-60.

图4-8　玻尔兹曼

切霍夫。法国作者表现出了非凡的优雅风度，可是英国人、特别是麦克斯韦，却表现了引人注目的判断力。”[①] 有人在较为宽泛的意义上，还将科学家的创造风格分为浪漫和古典两种类型，前者崇尚类似于哲学、艺术的科学过程，追求自由的表达和可能性领域；后者致力于逻辑上的严明和严谨。像这样，关于科学风格的区分，尽管标准不一而足，但进入到科学发现前沿的佼佼者，往往是将个人风格融入自己工作中的非同凡响的范例，这一点则是肯定的。

其二，科学创造常常要诉诸个体独一无二的美学鉴赏力和洞察力。正像一位作曲家将音符重新组合创作出一首新的乐曲一样，科学创造的本质也是通过组合形成一种新的思维模式。彭加勒指出，在由无意识的自我盲目所形成的数目无穷的组合中，几乎所有的都毫无意义，只有部分能够通过阈限、闯入意识的领域，这却不是出于偶然，而是审美感在起作用。许多对科学发现机制的研究也都确切表明，科学家对大量创造性组合进行鉴别和选择的一个重要依据正是其个体的美学鉴赏力。科学史上，有难以胜数的探索者处在“看不到要完成的是一个伟大的发现而恰恰又正在完成它”[②]的情况之下，为什么有的能够得偿所愿，有的却与本来可能作出的发现失之交臂呢？正是鉴赏力在其中起到了微妙的筛选作用。跟随它异乎寻常的导引功能，成功者才能步步为营，使得处在未知事态范围内的科学真理逐渐显露出冰山一角。

其三，人格心理对科学创造也有潜在影响。很长一段时间里，关于艺术家与科学家的一个流行的比较是，艺术是充满感情的，极容易受到创造者主观心理活动的支配，即过分依赖于所谓情绪；比之而言，科学家却堪称是非情绪化的和不易激动的群体的典范。然而，事实上，科学家作为同样活生生、充满个人情感和阅历的人，在研究任何科学问题时，也都不可避免地受着各种心理的影响。换言之，与艺术难以超越心理的强烈影响所设置的障碍一样，科学要达至真正的自

① [美]S.钱德拉萨克．美与科学对美的探求[J]．科学与哲学：研究资料:1980（4）．

② 嘉·阿达玛．关于科学史问题 微积分学的诞生[C]．中国科学院自然科学史研究所数学史组，中国科学院数学研究所数学史组．数学史译文集．郭书春，译．上海：上海科学技术出版社，1981:147.

由，就必须将心理方面的因素考虑进去。

科学创造作为意料之外的结果，创造者总是被驱使着去追求那难以想象的，或不可能的、至少是未必可能的事情。所以，活泼的、警觉的甚至敏感的心灵对于创造过程的意义不言而喻。心理学家吉尔福特曾提出过许多有助于创造性表现的重要特征，比如兴趣的倾向性，即对多样性有高需求的兴趣特征，也就是渴望新体验、不愿重复等倾向；再如“场独立性”的认知风格，这是一种寻找转化的倾向，它对问题的转化有促进作用；此外，能力倾向的“冲动性”和自信心等品质都与发散性思维正相关，对问题持开放态度的气质特征也是有助于创造性发展的。[①] 另外，科学家有什么样的精神面貌、处于什么样的心理状态，对于创造过程也是不可小视的方面。许多人在科学上的成就甚至被认为是他们那种超凡性格的证明。当然，科学家心理个性相异，不能将创新性成果的取得归因于哪一种确定的人格标本。但一般而言，自信、乐观、坚韧、谨慎等良好的个性特征有助于能力的发展，还有可能补偿能力上的某些弱点。

对个体异质性问题谈及至此，有人不免要发问了：像范例中的大科学家都是些天才，甚至怪才，对于他们人生故事和人格特征的异质性分析怎么可能具有普适性、一般性呢？对此，我们首先承认范例研究这样一种方式的采用，对于研究者如何去关注差异的个体非常有用。既然范例研究类似于文学作品中的故事或新闻报道中对“逸闻趣事”的叙述，那么这样一种可以反映所涉及人物的真实现实的方式，无论是对科学家个人经历的回溯，还是对其个性特质的解析，都是再适宜不过的。然而，这里所要强调的是，研究方式上的适切性并不意味着可以放弃研究成果的实际效度作为代价，换言之，我们并非没有考虑到范例共享性的实现问题。

难以宣称自己的成果有益于实践是研究者所不能接受的，不仅如此，作为求取创新的具体实践者，人们显然也会问，自己从大篇幅讲述科学家个体情况的范例研究中能学到什么，甚至还急切地想将研究的结果直接应用到实践中去。照实说，就涉及科学家个体经历与个性特质的内容而言，范例的确具有某种特殊性，因此它无法保证能满足任何对这项研究的“临床性”的兴趣或需要。然而，根据研究者的经验，通过阅读这些范例主体的诸般情形而增加的理性认知，其主要益

① 李小平. 创造技法的理论与应用[M]. 武汉：湖北教育出版社，2001:72.

处在于可以使人们更加明智地思考特定的实践问题。

当然，范例研究对实践合理性的提升可以表现为不同的形式。比如人们可以对诸多范例中科学家的人格特征进行结构化分析，试图从这些个案中寻找出某种关系模式，从而对创新主体的基本特征形成质的评价，并将这种自觉的认知与现实的因素灵活地结合起来，用于改善创新实践。又如，参照与自己在科学领域中的经历相似或不同的个案，会加深人们在科学创新过程中所遇到的问题的理解。而借助于这种理解上的加深，人们或者可以为自己的行为寻找到依据并注入动力，或者获得宝贵的机会进行更为细致的自我反省。

总之，在梳理和叙述科学家人生经历与个性特征的过程中，研究者将重整科学家的生活经验，把片段的情节组织成完整的故事，从而使隐藏在情节后的意义显现出来。换句话说，这种叙事本身就充满着对科学创新过程的体验、表达和理解。即便有些范例中不曾明确断言怎样做更好，它们也依然保有自己对问题的深刻见解。读者如能对之保持清醒的警觉和有效的反思，定将对改进实践的能力大有裨益。

再退一步讲，任何叙事都不可能、也不仅仅是为叙事而叙事。范例研究作为一种叙事研究，本质上还是想通过叙事表达某种期望，或反映出对一种作为普遍性愿望的追求，这实际上就是对当下事实的超越。既然如此，最一般意义上的范例研究的共享性也就是可以实现的了。

3. 创新如何得自创新方法

作为对创新方法范例研究的一个宏观说明，本书在没有范例可以具体结合的情况下，要详尽准确地讨论关于“科学家如何创新方法并从而获得了科学的创新”这一点是困难的。所以，对于这一部分，只能透露一些研究者在具体研究过程中该怎样去做的大体情形。

科学家在其工作过程中需要考虑采取最有效的认识策略，需要懂得作出发现与创造的各种技法。因此，在可能的范围内，领会这些卓越的心智活动规律就成为创新方法范例研究的主要任务。比如在某些范例研究中，科学家如何创新方法的问题可以通过对其理论前见的分析得到很好的阐明。理论前见指的是一个科学家采纳的常常未被明确承认的认识论假定，这些既不是数据资料，也不是流行理论强迫要采纳的。例如对爱因斯坦的工作的研究表明，在其一生中，指导他理论建设的原则包括形式解释的首要性、宇宙学尺度上的统一性、简单性、因果性、完备性、连续性以及守恒性。这样一些原则解释了在一些特殊的情况中，为什么一位科学家还执意在一个既定方向继续他的工作，即使难以用经验来检验，或者不能提供经验的检验时也是如此。科学家的哲学世界观确实如同他对本行业数学工具的理解一样重要。甚至在某种意义上，科学家不知不觉中也是哲学家，尽管他们自己不能意识到这一点。

要想对科学家如何创新方法作出令人满意的解释，范例的研究者有必要时刻保持这样的一种清醒，那就是，发现决然不是任何进行理性思维的人都能够从资料中引出的逻辑结论，因此，受到严格规则控制的行为，都尽量不应成为关于如何创新方法这一分析的主要部分。反之，越是规则不符合行为的情况，就越可以成为关于如何创新方法的解释。正如布里奇曼所言，当进入真正解决问题的过程时，偶然因素变得如此重要，以至于有创造力的科学家自身经常不清楚以什么方法能够解决问题。对这一点进行强调，其实也是要唤起研究者注意那些也许是科学家日常生活中的偶然事件的特殊方面：一次旅行或为另一科学家所关注的机遇，或按他妻子的要求为孩子做某事，或某种社会或经济需要，或甚至只是睡个好觉，当具有创造性的科学家思考自己当前的活动时，这些因素起着明显的作用。①

在对范例进行具体分析的过程中，研究者还一定不会满意这样一种简单陈述，例如“孟德尔运用因子分析法得出实验结果后又应用数理统计的方法把握遗传规律”，而是要让人们更多地知道：这是怎样发生的？为什么发现由孟德尔作出，而没有在此之前被发现？是什么致使或引起孟德尔运用他的方法？为什么他遵循那样独特的思路？当然，对这些问题的解答不见得就一定能够揭示出发现的秘密，也许为解答它们而辛苦寻找和披露的细节甚至都微不足道。但它对事件怎样发展所提供的丰富洞见，无论如何都能为读者带来新的意义发现，印证他们已知的东西或

图4–9 孟德尔

① [美]布里奇曼．布里奇曼文选[M]．杜丽燕，余灵灵，编．北京：社会科学文献出版社，2009:129.

者拓展他们的经验。

至于研究者要找的与创造性的智识活动相联系的资料，科学著作的手稿、笔记信件、实验日志等是绝对要优先考虑的。它们作为对实际科学过程的最直接表达，是思考方法的可靠证据。科学家本人追溯性的思考往往也具有较高的价值。由于科学家在晚年拥有了完满的经验，也由于自身的兴趣会写下他们的回忆。在很多情况下，这些东西正是了解情况的重要原始材料。另外，对于科学家阅读过的文献的研究，可以给出关于他们的一般背景的重要信息。如果能够考证某位科学家作出科学发现之前阅读过某种特别的著作，那么这部著作对于该发现就可能有些重要。研究者还可以选择与科学家处理某个特定主题的愿望相联系的问题境况，通过构想逐步建立起关于他想知道的东西是什么的想法来，也就自然通向科学家的研究过程中去。

如果说对科学家个人遵循的方法与法则的研究属于微观的创新方法研究，那么，作为外在推动力，科学家创新方法过程中的历史与社会学方面也值得注意，这方面便属于宏观的创新方法研究。一般说来，凡是具有历史眼光的科学家，他们的成就与贡献往往起着承上启下的作用，对社会生产和发展产生深远的影响，因而总是带有经久不灭的光辉。至于如何才能获得历史的眼光，在范例研究中，具体的科学史背景能够给人们提供一种经验工具。用它，人们在不同程度上可以清楚地辨别潮流和关系，并且能够学到如何更好地设计未来科学的某些东西这样的事实。

与此同时，分析一位杰出科学家成长与成功的社会因素，对于正在成长着的科学从业者来说，也会得到重要的启示和教益，至少，对于消除“天才自成”的糊涂思想，会起到一定的作用。例如，朱克曼曾集中研究了从1901—1972年的92位美国诺贝尔奖获得者的生平历史，得出了他们的成长规律。这些科学精英在成长的各个阶段，从其社会出身、正规教育、科学职业训练直到走上研究第一线的历程可以看出，良好的社会经济背景与优秀的家庭学习传统，求学名校、师从名师，青年早慧、术业专攻以及优势积累等方面对其成长为一名科学家都有着举足轻重的作用。

对“科学家如何创新了方法”这一部分，研究者在不同的范例中自会作不同的呈现。事实上，科学中的很多方面，都有可能诱使乐观者，相信它可以促进创新的发生。比如在某些情况下，一个有经验的科学家可能从最意想不到的事件中获得刺激灵感的“暗示”。这表明，更加深刻的科学探究方法并不比艺术家的创造方法更能经受得起分析。换句话说，研究者即便可以随意多地分析科学家如何创新方法，也不能保证他们没有漏掉根本的东西。当然，这并不是说分析是无用的，而只是强调，分析更重要的用途是在于通过分析这种方式引起人们对方法进行多角度考量的兴趣，从而真正确立起创新方法的概念框架。

至于“方法的创新又是如何影响了科学的进展”这后半部分，也是范例研究中必须要体现的。当然，这完全是为了凸显创新方法之意义主旨。在很多的情况下，能带来一次无与伦比的科学胜利的，也许只是一个细微的处理，但却不能因为它的看似轻而易举，就放弃对其在科学创新中的历史作用的标定。这种标定，会使人们对方法在科学中的重要性有更深层的理解，也对方法创新的意义有更高水平的认识。具体结合后续卷本的范例研究，读者自然会颇有心得，这里就不再多作说明。

四、范例的形成和成长

一个卓越范例的形成，要先由人的情感和动机来生发，再通过人的认知能力被塑造。研究者也正是从这两个方面切入了对其内在机制的分析。与此同时，任何创新范例又都是在特定的社会文化背景下发生的，导致创新的条件也必然涉及社会文化的诸多因素，如经济、政治、宗教、信仰、社会结构、民族习惯及文化传统。鉴于这些因素可能的重大意义，鉴于创新方法研究将以全面理解科学在社会中的发生与成长、促进科学文化与人文文化的整合为使命，因此最后、但并非最不重要的一项分析工作，是了解一个科学范例成长背后的文化基旨，也可称之为文化基旨分析。

1. 范例形成的动力机制和认知心理

动力机制分析

“为获得科学背景的完全画面，为能追溯科学活动的源泉，我们似乎被迫回到科学家个人。如果我们这样做，我们最终不可避免要考虑个人的动机。”[①] 确切来讲，对于科学家主体而言，科学方法不是一种外在因素。它的效能取决于主体的掌握和创造性的应用，而主体又是在一定目的推动之下从事科学研究活动的。显然，启动主体的动力对于主体能否创新方法存在着重大的影响。

需要指出，关于科学家动力机制的分析，由于涉及私人隐秘而微妙的心理，实际上也属于广义的心理学分析。但也不必为此担心这部分与下一小节的内容有所重复。事实上，与下面从创造性心理机制发生的角度来分析范例不同，这里主要侧重的是科学家的社会心理因素。

美国社会心理学家阿姆贝尔（T.M.Ambile）指出，人在各种领域的创造力是由有关领域的技能、有关创造性的技能和工作动机三个部分组成。工作动机的提出是阿姆贝尔创造力理论的独特之处。她通过实验研究得出，如果领域技能和创造技能欠缺，只要有足够的动机，主体可以通过适当的学习和训练来弥补，但如果工作动机不足，即使有较高水平的领域技能和创造技能，也难以取得高水平的成就。[②]具体到科学领域，科学家个体也并不是从“要从事科学研究”这么一个抽象的目标开始科学生涯的。人们必定会经历不同的科学过程，也会拥有各自不同的事业动机。对此，常有学者进行探讨，也产生了各种见仁见智的观点。

有学者试图表明，科学从事之初是由好奇心激发，之后应用科学所能带来的潜在的有用性又成为动机的组成部分。梅尔茨（J.T.Merz）就说，有些人为好奇心或对自然的纯粹的爱所驱使去研究自然，继这之后，应用自然知识，使之对实际目的有用的愿望回过来对科学起了很大作用。[③] 德兰也强调，人生具有好奇之性，又有好胜之心，此皆研究自然之动机也；吾人发明事实、证立定律，非徒然而已，盖将应用之以谋人类之幸福。[④]

还有学者将科学家从事研究的动机做了细致的分解。如范伯格（G.Feinberg）举出了驱动科学家投身研究的三种冲动（impulse），即理解世界，不愿接受基于权威的结果以及在前人的科学工作之上建筑。史蒂文森（L.Stevenson）和拜尔利（H.Byerly）将动机区分为三个范畴，一是内在于科

① [美]布里奇曼．布里奇曼文选[M]．杜丽燕，余灵灵，编．北京：社会科学文献出版社，2009:125.

② 李小平．创造技法的理论与应用[M]．武汉：湖北教育出版社，2001:100-101.

③ [英]梅尔茨．十九世纪欧洲思想史（第1卷）[M]．周昌忠，译．北京：商务印书馆，1999:271-272.

④ 李醒民．科学探索的动机或动力[J]．自然辩证法通讯，2008（1）.

学研究过程的动机，如科学的好奇心，做研究过程中的愉悦；二是指向科学共同体的动机，如渴望科学声望和在科学职业内的影响；三是对科学研究外部影响的追逐动机，如公众名声的吸引、渴望发现科学知识的有益应用、获得科学研究的资金支持、从科学研究中获得利益、影响公共政策的抱负等。克劳瑟（J.G.Crowther）也罗列了科学家的5种个人动机：好奇心，对声望的欲求，得到生活保障的需要，使自己享受的欲望以及服务人类的欲求。马斯洛（A.H.Maslow）则从心理学角度描绘了一张科学多重动机的全景图。[①]

然而，最让人记忆深刻的关于科学动机的探讨，还是爱因斯坦1918年4月在普朗克60岁生日庆祝会上的讲话。[②] 他在以"探索的动机"为题目的演讲中把科学家划分为三类，一类人"所以爱好科学，是因为科学给他们以超乎常人的智力上的快感，科学是他们自己的特殊娱乐，他们在这种娱乐中寻求生动活泼的经验和雄心壮志的满足"；另一类人"为的是纯粹功利的目的"；还有一类人，也就是爱因斯坦以极其虔敬的心情所颂扬的普朗克式的科学家，他们以对宇宙"先定的和谐"[③] 的追求为满足。

看上去，科学探索的动机相当复杂和多样，各种观点也林林总总，但其实大都可以归入阿姆贝尔社会心理学意义上对科学动机的划分——在过去和将来，诱使人们去研究自然的无外乎内部与外部两种动机。内部动机是由于对工作本身的兴趣和对自身信念的追求而产生的动机；外部动机是由于外部的压力或功利的驱使而产生的动机。总的来说，内部动机有利于、而外部动机不利于科学创造。阿姆贝尔提出的内部动机原则是，当人们被工作本身的满意和挑战所激发，而不是被外部的压力所激发时才表现得最有创造力。[④]

在过去很长的一段时间里，"为科学而科学"的经典认识论理想构成了科学家的一种主流意识。开普勒表白说，科学家对外部世界进行研究的目的，就在于发现上帝赋予它的秩序与和谐。爱因斯坦进而把追求这种和谐作为一种坚定的信

---

① 李醒民．科学探索的动机或动力[J]．自然辩证法通讯，2008（1）．

② [美]爱因斯坦．爱因斯坦文集（第1卷）[M]．许良英，范岱年，编译．北京：商务印书馆，1976:100-103．

③ "先定的和谐"是17世纪德国哲学家莱布尼兹所用的术语。他所说的"单子"之间存在着一种预先被永远确定了的和谐的思想，有承认宇宙的统一性或规律性的因素。

④ 李小平．创造技法的理论与应用[M]．武汉：湖北教育出版社，2001:101．

念。他说，要是不相信我们的理论构造能掌握实在，要是不相信我们世界的内在和谐，那就不可能有科学。这种信念是，并且永远是一切科学创造的根本动力。

图4-10 拉瓦锡塑像

这种主流的认识论理想，透过职业外科学活动的普遍程度可见一斑，从画家达·芬奇到瑞士专利局的二级专利员爱因斯坦，在业余状态下进行科学活动的人不可胜数。尤其在17~19世纪，有大量的教师、医生、职员、牧师、军官、贵族及其他身份的人在业余状态下从事着科学研究。比如伽利略，尽管作为教授，也只是因为编写讲义和授课的工作而受薪；牛顿的万有引力研究也很难说是他的职业工作，因为他时任剑桥卢卡斯讲座教授，讲授数学。另外的记载还有海军部长蒙日建立了透视几何理论；巴黎税务局局长拉瓦锡从空气中制备出了氧气；热功转换问题的研究是在伦福德伯爵（Count Rumford）的毫无利益目的的私人实验室里完成的，等等。科学研究的这种非职业化和自由特征表明，是科学家们自己想要探索宇宙的奥秘，获取概念的协调，并非受任何利益的驱使。

对于宇宙谐美的仰慕和深入未知世界的热情是科学家进行科学创造的根本动力。它不仅被经典科学时代的科学家反复记诵，也一贯为现代与当代的多数科学家所秉持。也正是基于这样宏阔而超越的信念，很多科学家才能争取到并保持着最大限度的探索自由，不为外物所累。话说回来，他们当然不是对科学创造与物质利益的关系一无所知。伽利略想靠卖望远镜来养活自己的三个孩子和为妹妹们准备嫁妆①；惠更斯（C.Huygens）一面思考波动的宇宙图像，一面也想推销一种用于航海计时的、能自动调节偏差的机械擒纵装置。只是他们与功利科学家的区别在于，这一点从来不会妨碍他们将科学活动的主要目的与物质生产脱离开来。

在所有可能的动机中，名利动机是为很多科学人士不屑的一种。站在科学门外的人们也习惯认为，在人人热衷于追逐的名利场上，真正的科学家从来都不是

① [法]Jean-Pierre Maury．伽利略——揭开月亮的面纱[M]．金志平，译．上海：上海书店出版社，2000:26.

狩猎者。在他们看来，如果科学家都不能视名利如浮云敝屣，谁又能配得上去探索宇宙秩序与世界奥秘这样一种神圣职业呢？而事实并不尽然。功利类的科学家在历史上就决非罕有——爱迪生（Thomas Edison）曾被维纳刻画成“一个典型的旧式商人和聪明的广告者”[①]，法国数学家笛沙格（Girard Desargues）也坦率承认从未对物理或几何的研习抱有兴趣，除非能通过它们获得有助于目前需要的某种知识[②]。后来，随着科学开始向人们提供众多诱人的机会，尤其是人们认识到科学技术与工商业之间存在着密切关系之后，事情就有了更加深刻的变化。

在阿姆贝尔看来，受好评和物质奖励等功利驱使的外在动机，会导致低水平的创造力。首先，它可以分散对工作本身的注意以及环境中与任务有关的方面的注意，而是把注意指向外部目标；另外，它会使个人不愿冒风险，因为风险会有碍于达到外部目标。但阿姆贝尔同时指出，外部动机对创造的不利抑制当然也并非绝对，在内部动机不足的情况下，它对维持创造活动显然是必要的；如果内部动机很高，且能够把外部的奖赏与评价看成是肯定信息，而不是当做受到“控制”甚至“摆布”的话，外部动机也不一定就是有害的。[③]

事实上，对于功利类的科学家而言，尽管他们似乎缺乏某种精神与信念，但其中有一些人也并不缺乏创见与理想。何况，这里主要为了分析的方便才将动机做了看似合理的分类。实际情形却是相当复杂的，各种动机往往相互纠缠，而功利动机并不总是最高的甚至显而易见的。对此维格纳（E.P.Wigner）颇有感触地说道：“当我期望人们选择科学生涯不要期望外界过多的报酬，在精神上追求一种学习、希望和创造性的生活时，或许我已不合时宜了。事实上，我们许多年轻人本着这种精神选择了科学生涯，但是也有很多人期望外界的报酬、有影响的职位、很高的荣誉，以及一种所谓的成功的生活。”[④] 不管怎么样，生发了科学家对真理的崇尚，使其为之历尽艰辛、矻矻求索的所谓动力，都必然包含着对科学本身的强烈情感。

---

① [美]诺伯特·维纳．发明：激动人心的创新之路[M]．赵乐静，译．上海：上海科学技术出版社，2002:71．

② [美]M.克莱因．古今数学思想（第1册）[M]．张理京，张锦炎，译．上海：上海科学技术出版社，1979:333．

③ 李小平．创造技法的理论与应用[M]．武汉：湖北教育出版社，2001:101-102．

④ [美]维格纳．科学家与社会[J]．世界科学，1993（4）．

认知心理分析

人类进入21世纪，能不能再出现一个爱因斯坦？这是一个让人颇感兴趣的话题，它引出了对创造力及其模式的探讨。而要理解是什么因素构成了高度的创造力，就不能满足于一般的分析，比如用“直觉”等一些包罗万象的概念去描绘令人惊叹的发现何以产生——这样做，将会掩盖科学家运用他们的深远识见去洞察那些不易被察觉的问题的具体过程。

此前当然也有过对创造过程的个案分析。常有一些伟大科学家以自身的感受告诉人们，一个问题的解决方法是怎样突然地就出现在有意识的思维中了。这样一种魔法般的创造力，到底是怎样调动了思想实验、潜意识思维乃至美学等要素而实现的呢？

图4-11　彭加勒

比如彭加勒在1908年的那篇文章中尝试着分辨出，他实际上是依赖于潜意识思维去作出他的各种发现。在1913年出版的《科学的价值》一书的“数学创造”一章中，彭加勒又结合富克斯函数的发现，详细叙述和分析了潜意识思维的发生：在经历一段时间的深思熟虑后，问题始终不能解决，于是他暂时搁下，出外旅游，然而，“当我的脚踩上踏板的一霎那，一种想法涌上我的心头”。实际上，在出外旅游这个创造过程的“中断期”，显意识摆脱了复杂的思考进入到轻松的状态，但大脑皮层并没有停止活动，信息加工活动进入潜意识继续进行着，潜意识思维灵活、迅速，产生出数目无穷的信息组合。彭加勒指出，这无数组合中大部分的结果都是无用的或与创造无关的，只有部分能够通过阈限、闯入意识的领域，这却不是出于偶然，而是像科学审美意识这样的主体思维品质在起作用。在此之后，又有法国心理学家图卢兹对彭加勒关于数学发明的心理机制的论述进行了研究，并证实了他的断言。而来自现代心理学的资料则用信息是如何储存在长期记忆中的这类新知识扩展了彭加勒本人的那些见解，这些都是对科学创造实际心理过程的深入分析。

再比如阿瑟·米勒（A.I.Miller）对爱因斯坦狭义相对论个案的认知科学分析。在《爱因斯坦·毕加索——空间、时间和动人心魄之美》一书中，米勒把林林总总的线索，比如爱因斯坦1895年的思想实验，为理解相对运动问题所作的屡次尝试，在专利局工作的他对发电机的精通，与联邦邮电局的朋友关于无线电报和钟表同步性问题的聊天，甚至对巴赫和莫扎特那些拥有着明确结构的主题的小提琴作品的兴趣，都视为储存在长期记忆中的信息。正是所有的这一切，在意识思维、潜意识思维、启发和确认这样一个循环过程中共同激发了创造力的发生。①

上述两例表明，在科学创造问题上，一个对个体所展开的范例研究可以很好地运用认知心理学的概念、理论和技术。先前书中提及，科学方法的问题很大一部分是大脑在科学研究过程中如何思维的问题。比如虽然亿万人看到了自由落体，而只有牛顿创立了引力理论；成千上万的人获得了家养动物和植物的可变性，但是只有达尔文使用了这些概念创立了自己的进化论，等等。由此，方法研究面临的一个突出问题，就是有必要研究科学家的思想与心理。当然，关于怎样才算是对范例做了认知心理的分析，这两个例子多少提示了一些相关见解，起到了阐微发隐的作用。但无论如何，一般人是很难超越技术上的困难而深入地察看这些过程的，作为一种思维科学，方法研究就需要进一步告诉人们应该通过什么样的途径、采用何种分析工具来研究大脑与心理活动的过程，很多人也的确需要这样一些新的理论和方法。

心理学以心理活动和心理过程为研究对象，研究感觉、知觉、表象、记忆、思维、想象、情绪、意志这些心理活动是怎样在高级神经活动的基础上，在社会实践中产生和发展的。现代心理学对创造力问题的探讨，也主要是从认知研究与社会心理学研究这两条基本途径展开。认知研究把创造看做是一种个体行为，创造力是由各种心理能力导致的，由此展开对不同心理过程的研究，早期以发散性思维为重点，后继者们则探讨了知觉过程、定义问题的能力、直觉能力、类比与联想能力等，并在此基础上建构出种种因素分析的创造力模型。另一方面，创造力作为一种高级智力机能，也需要从社会学意义上加以探讨，社会心理学研究就是从人格特质、动机变量和社会文化环境等角度展开的对创造力的探讨。②

首先对创造力的过程展开研究的人是英国心理学家华莱士（G.Wallas）。1926年他提出了创造过程包括准备、酝酿、明朗和验证四个阶段。随着认知心理学的兴起，许多心理学家重新从这一视角切入，把创造看做是一种一般的认

① [英]阿瑟·I·米勒. 爱因斯坦·毕加索：空间、时间和动人心魄之美[M]. 方在庆，伍梅红，译. 上海：上海科技教育出版社，2003:263-272.

② 根据主题，对社会心理学途径的研究，这一部分将不作重点讨论。

知加工过程，认为通过详细地研究这些加工的基本过程就可以更好地揭示创造力的本质。在华莱士之后，罗斯曼（J.Rossman）和奥斯本、阿姆贝尔、巴瑟（T.V.Busse）和曼斯菲尔德（R.S.Mansfield）也对探索创造过程的规律作出了有益的尝试，但都不够深入，也没有超越从直接感知的经验常识范围对创造发生过程作现象学描述的探讨。

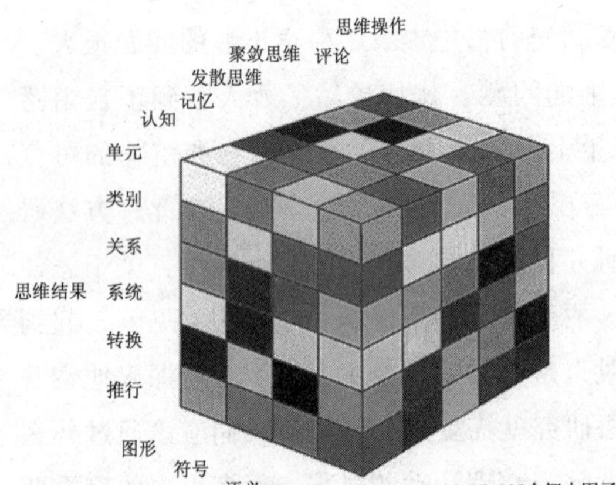

图4-12　吉尔福特的智力三维结构模型（Structure of Intellect，SOI）

从20世纪50年代吉尔福特对创造性心理机制的研究开始，创造力研究才真正成为规范的科学理论。其主要工作，是通过在南加州大学进行的为期5年的“能力倾向研究方案”，运用因素分析法研究而提出了著名的“智力结构说”。吉尔福特认为智力是用各种不同种类的信息进行加工的能力和功能的系统组合，每一种能力都有运演、内容和产品三个维度的属性。在此基础上，他进一步指出，对创造性思维来说，智力结构中最为重要的功能是运演这一类别中的发散性加工和产品这一类别中的转化。发散性主要体现为从不同的角度来认识问题，强调观念的数量；转化主要体现为从一个新颖的角度来认识问题，强调观念的质量。发散性加工的转化，是创造性思维的实质。①

吉尔福特的开创性工作把创造力的认知研究推向了该领域的前沿，自那时起，认知途径一直占据着创造力研究的主导地位。海耶（J.R.Hayes）从这一途径出发，认为创造力不仅存在于创造性问题的解决过程之中，也存在于非创造性问题的解决之中，二者都包含长期的准备、设定目标、问题表征的选择、解决问题方法的搜寻和对所选择方法的反复优化等一系列过程，但高创造力者与低创造力者的差异主要源于问题表征的选择这一成分上。在海耶将高低创造力者的差异锁定在问题表征上后，心理学家在探讨创造过程的认知机制方面取得

① [美]J.P.吉尔福特．创造力与创造性思维新论[J]．华东师范大学学报（教育科学版），1990（4）．

了丰硕的成果。艾伯特（E.S.Ebert）从信息加工的角度提出了创造过程的认知螺旋模型。它包括知觉思维、创造性思维、发明思维、元认知思维和执行思维这五个过程，在创造过程中，随着长时记忆基础的变化，并按一定的顺序螺旋式产生。阿瑞提（S.Arieti）则在《创造的秘密》一书中提出创造活动由原发过程、继发过程和第三级过程组成。原发过程是精神活动、尤其是心灵的无意识的活动方式，主要表现为意向和内觉，为创造过程提供了动力和开辟了领域。继发过程是思想处于清醒状态下使用正常的逻辑时的活动方式，主要表现为意识和思维，为创造过程提供了概念、逻辑的明晰和社会的认可与接受。第三级过程是前两个过程的特殊结合，它用特殊的机制把理性和非理性这两种世界混合起来，创造性成果便产生了。①

20世纪80～90年代，心理学领域对元认知与创造力的研究成为一个新的课题。元认知就是对认知的认知，或者说是对思维的思维，指一个人所具有的关于自己思维、认知活动本身的有关知识和实施的控制。这一概念最初是由美国心理学家弗拉维尔（J.H.Flavell）于1976年在他的《认知发展》一书中提出的。按照他的观点，元认知是个体对自己的认知或思维过程的自我定向、自我评价、自我监控和调节。对于元认知在创造力中所扮演的角色，斯腾伯格（R.J.Sternberg）和布鲁奇（C.B.Bruch）几乎在同一时间进行了研究。结果表明，元认知能力对创造性思维活动有着极大的影响，创造是一组基本的认知过程，元认知是作为其基础并影响着它的重要因素。斯腾伯格运用内隐理论分析法对创造力进行深入研究后认为，创作性解题过程与一般解题过程在思维机制上的本质差别在于元认知在思维过程中所起的作用不同。这种不同既体现在对待问题的态度上，也体现在表象选择、解题策略的构思、心理资源的分配以及对解题过程的监控与评估等方面。布鲁奇则提出了一种元创造力理论。他认为元创造力是一种检查方法，用于检查在创造过程中做什么和如何做，选择创造策略和监控这些策略的运用、评估创造过程中人们的心理及情感。

从这些认知心理学理论，可以看到，心理学的研究为科学创造提供着认知心理机制上的根据和说明。因此学习和了解心理学理论对于理解和研究科学创造过程中的许多问题是极为必要的。事实上，作为一个心理学分支学科，创造力研究

① 寇冬泉．论创造力的研究取向[J]．高教论坛，2003（6）．

（Creativity Research）把心理学的理论和实践应用于科学创造过程，从心理学的角度揭示着科学创造过程的特点和规律，已经成为了科学方法论的一个组成部分。在此，它也应能成为创新方法范例研究的一种有效分析工具。换言之，结合认知心理学这些庞杂丰富的概念与理论，研究对于凝聚着高度创造力的范例应当有一个系统的分析。当然，这一层面的分析既要求熟练掌握认知心理学的理论知识和公认方法，又能够实际结合范例的研究背景和具体过程，实非易事。

2. 科学的传统、建制与范例成长

科学传统

科学知识的发展与人类的历史一样久远。在17世纪科学独立并得到迅速积累以前，科学的进展主要包容并依附在哲学家的理论活动和工匠技师的日常实践之中，用科学史家梅森（S.F.Mason）的话说，"很少有什么不同于哲学家传统，又不同于工匠传统的科学传统可言。"① 可以看到，在人类知识与思想发展的早期，科学本身就孕育于作为"知识总汇"的哲学当中。作为原始思维的对立物，哲学思维的基本特征就是摆脱万物有灵的观念，转而用自然的原因解释世界。在这个基本点上，科学与哲学一脉相承。这个时期哲学家的理论探索所以在一定程度上被认为是科学历史的一部分，也是基于此点。至于工匠传统，在漫长的古代社会，工匠和技师从事社会物质生产或其他实践活动的过程中经常会与科学的问题发生联系，工程师和建筑师在从事水利、运输和建筑工作时会碰到力学、几何等问题，医生在诊疗病人时又会与生理学知识打交道。尽管只是作为工匠和技师日常功利实践的"溢出"结果，科学知识还是在这一长期过程中得到了缓慢的积累。

作为最典型的科学传统，形而上的终极追求浸透在一代代科学创造者的职业情感之中，影响着科学家的认知目的。古希腊人曾以一种狂热的态度迷恋理性而蔑视经验。在亚里士多德那里，"一个有所迷惑与惊异的人……探索哲理只是为想脱出愚蠢，显然，他们为求知而从事学术，并无任何实用的目的。"② 而现在看来有着科学上卓越用途的东西，在古希腊人那里却是不可容忍的卑贱。柏拉

① [英]斯蒂芬·F·梅森．自然科学史[M]．上海外国自然科学哲学著作编译组，译．上海：上海人民出版社，1977:1.

② [古希腊]亚里士多德．形而上学[M]．吴寿彭，译．北京：商务印书馆，1959:5.

图当讲到数学的证明中被引入机械理论时，宣称那是“败坏几何学”并且“剥夺了它的尊严”。[①] 在这种态度之下，一种理性的认知模式顺理成章地出现了：多变的、不知其所以然的经验知识是他们想要消除或提升的东西；对自然界秩序蓝图的描绘正式成为他们不移的信念。思辨传统对科学的影响是超乎想象的。从某种意义上讲，与高度社会化、产业化、工程化了的科学相区分的经典科学[②]，如今依然处在古希腊人所确立的哲学认识论的研究任务之下。换句话说，哲学只是在近代进行了一场影响较大的内部分工，将古希腊人的认识理想分给了可以直接叫作“经典科学”的那种探索活动，而伽利略与柏拉图和毕达哥拉斯的不同之处也仅在于是将和谐的数学形式当作“更根本的简捷原理”还是当作终极实在。即便到了爱因斯坦，他仍然可以一个人探索一个宇宙，除了他沟壑纵深的大脑之外，只需要一支笔和一张纸——“香烟盒背面”[③]足矣。

图4-13 叼着烟斗的爱因斯坦

同样的，体现经验与致用倾向的工匠传统，在知识生产与思维方法的层面上也规定了科学发现的某些基本特征。与其他物质生产实践者相比，最初工匠技师的实践行为就充满了创造性和探索性，更有可能频繁地面对新的问题。从方法论的角度看，当时不存在获得有用知识的必然途径，这就需要他们通过基于经验的不断修正来调整和改进实践方式。这不免使得工匠传统下的知识生产具有了“试错式创造”的特点。如今来看，那些沉积在社会文化资源和技术成果中的经验知识，正是试错式创造所提供的最为独特的部分。经验知识是零散的，往往不能获得符号化或编码化的表达形式，而以意会的方式存在于作为载体的创造者中；它也当然不能在说明自然现象的规律或原理层面得到表达，只能在功能层面通过提高技能或技术的有效性加以体现，“受稀缺状态的刺激而集中精力于一项工作的

---

① [法]莱昂·罗斑．希腊思想和科学精神的起源[M]．陈修斋译．桂林：广西师范大学出版社，2003:序10.

② 这里的经典科学不是一个与严格的时间界限有关的概念，而是指以寻求传统认识论意义上的真理为目标的科学理论探索活动。17～19世纪可被认为是它的黄金时期，但20世纪以后如爱因斯坦等理论物理学家的工作也应算在其中。

③ 据说有一次爱因斯坦带着太太去参观天文台。他的太太对一台巨大的光学望远镜感到惊奇，询问台长这是用来做什么的，台长回答说是用来探索宇宙奥秘。这个回答却使她感到更大的惊奇，她说：哦！探索宇宙奥秘，这件事我丈夫是在香烟盒背面干的。

人对该项工作越来越熟练，而且发现了做得更好的途径。”[①] 然而，值得注意的是，正是凭借与实践活动多样、普遍而又紧密的联系，经验知识才得以广泛启示着科学创造的可能，并为科学知识的增长提供着越来越多的经验基础。

可以说，科学传统作为一种认知模式的功能，一直贯穿至科学的近现代历史。作为某种清晰的印记，英国人偏爱直观、强调经验的特征烙刻在这个国家矗立于17~18世纪的科学丰碑之上。他们常识健全、讲求实际，极力把认识从哲学的云端拉到经验观察的实地。所以在近代科学的发展伊始，当经验归纳方法作为科学研究从收集材料走向整理材料、进而得出基本定律的主导性方法，在走向一个又一个的成功时，英国的经验主义传统强有力地推动了科学的发展。但也是这种偏爱，使得英国人在构造抽象观念和阐述一般原理时显得笨拙不堪。所以随着19、20世纪之交物理学向现代的转折，这种传统在一定程度上遭到了科学的抛弃。这个时候，微观、高速的运动对象代替宏观物体成了物理学的研究中心，理论的建立不得不越来越借助纯粹数学的、形式的考虑，“适用于科学幼年时代的以归纳为主的方法，正在让位给探索性的演绎法”[②]，而后者正是德国理性主义传统的优势。

受惠于康德哲学，德国人培养了“对抽象原则的偏好，对现实和私利的轻视”[③]，使“哲学变成了一件民族的事业”[④]。此后，亥姆霍兹、赫兹（Hertz）、普朗克、爱因斯坦、玻恩等“一群出色的大思想家突然出现在德国的国土上，就像用魔法呼唤出来的一样。”[④]作为一个哲学民族的精英，这个科学家群体始终认为科学的哲学背景比科学的特殊成果更富有价值和意义。也正是在这些本源性问题上，他们提出了改变人类基本观念的全新见解。可以说，以相对论和量子力学为支柱的物理学革命由生长于理论思维之邦的德国科学家群体担纲，正是归功于适宜重大理论创新的德国理性主义传统。而对于我们的论证来说，英国与德国承接对比的一系列情况恰好证实了科学传统对科学家知识生产与思维创新的影响所在。

---

① [美]道格拉斯·C·诺思．经济史中的结构与变迁[M]．陈郁，罗华平等，译．上海：生活·读书·新知三联书店、上海人民出版社，1994:91.

② [美]爱因斯坦．爱因斯坦文集（第1卷）[M]．许良英，范岱年，编译．北京：商务印书馆，1976:262.

③ [德]马克思，恩格斯．马克思恩格斯全集（第1卷）[M]．北京：人民出版社，1956:592.

④ [德]亨利希·海涅．论德国[M]．薛华，海安，译．北京：商务印书馆，1980:307.

时过境迁，科学的发展模式如今已经进入以国家为主导、牵涉多部门多学科、更显著地对社会公众利益产生影响的“大科学”发展时期。这一点深刻地改变了人们对于科学传统的信念和看法。与较早年代的科学家和哲学家能够更好地赏识传统相比，如今多数人把它当做理所当然。在他们看来，尽管传统依然存在并且一向就是根本性的，但要是不把发现的事物最终留给整个人类，它就会毫无用处。在此背景下，从新的角度拓展对科学传统的理解，就成为当代人所必须探讨的严肃课题，也是范例研究所要着重考虑的维度。

图4-14　1927年第五届索尔维会议与会者合影

一直以来，科学都是在与传统潜在而深刻的联系当中发展的。事到如今，有关知识和经验的传统在当代也不过是采取了另一种不同于它在过去的形式，且丝毫没有失去它的重要性和必然性。可以看到，大凡有革命性贡献的科学家，都具有较高的哲学素养。当科学危机来临或科学即将发生深刻变革的时期，科学家就会求助于哲学分析，以掌握革故鼎新的思想武器。与此同时，与古老实践行为的惊人重复也一再显示于当下的科研事务中，因与物质生产的内在联结，试错式的知识生产也以观察、实验等的表现形式延续至今，并为人类越来越多地提供了与之相关的技能和作为物化技术的仪器设备。毋庸置疑，传统是我们今天所继承的最大的部分，也是我们明天遗产中最大的部分。

然而在今天，科学传统更多还是体现为那些经历了筛选、积淀、规范、承袭、变革这一系列过程的治学风格、态度和行为方式之上。对于一个科研机构而言，治学是封闭的还是开放的，研究是独立的还是合作的、民主的还是家长制的，是否能够平等自由地交流等都是衡量其是否具有优良科学传统的主要标准。世界很多著名的大学和科研机构，都有着悠久的科学传统，成为其成员的行为规范。找出营造最能培育出顶尖级科学成果的场所的一般传统是有意义的。在范例研究的过程中，研究者也要尽最大程度的努力去辨别出一些这样的特性。

对科学事业的决定性影响往往形成于知识氛围浓厚的环境之中。通过增进与同行的接触，个人的知识活动得以规范，视野不断扩大，也会产生和发展更多的想法。尤其对于那些初学者，当一种成熟的研究环境提供给他丰富的机会去见证科学问题的辩论过程，接触到新的领域和认识外部的学者，他就会很容易地进入到研究的状态。相反，如果科学家在一个环境中难以找到恰当的人谈论自己的工作，即便他得到了某些重要的研究结果，也很难判断它们的价值。与此同时，自由和宽容也是科学研究所需要的氛围。自由既是科学家个人的，也是科学共同体的。尊重科学家自由的首创精神，保证科学共同体的学术自由，应被视为科学界的最高利益。贝尔实验室第一任总裁朱厄特（F.B.Jewett）说过，所有丰产的科学都是人的心智运作的结果，思维之花在最大自由的氛围中盛开，没有人能事先预言别人头脑里将会想出什么，也不能强迫人们产生新的思想。他最多能做到的是为创造性的努力提供有利的环境。[①] 说到科学中的宽容，则意味着容许失败，蕴含着平等的对话关系，也派生出理性的怀疑和批判。马林诺夫斯基（A.A.Malinovsky）曾经提出仁慈的个性特征有助于创造业绩的观点。他认为个体的仁慈特性与接受他人意见的能力紧密联系在一起：对于一个固守个人观点进而阻碍客观科学目标实现的一种极端自我评价来说，仁慈是一剂良药，它促使个体对自己的观点进行反思，并乐于接受他人的正确意见。[②] 在当代的科研组织中，作为科学创新的重要推动剂，尊重并十分宽容地对待其中每一个科学精英的工作方式和研究风格也是赢得成功的一个秘诀。沃森（James Watson）在谈到他们所以取得DNA双螺旋结构的发现时指出，“非常重要的因素是有幸在一个博学而宽容的圈子中”，正是剑桥分子生物实验室的杰出科学管理者马克斯·佩鲁茨（Max Perutz）所给予的理解和宽容，才使得沃森等在短短十几个月的时间里作出了重大的原创性发现。另外要指出，人们常常把宽容和怀疑批判对立起来，事实上，二者恰恰是相辅相成的，宽容意味着每个人都有怀疑和批判的权利，相反，在一个不宽容的时代却不可能有真正意义上的怀疑和批判。

图4–15　贝尔实验室美国总部

① 阎康年．中外科技创新文化环境对比研究初探[G]//科学的思维．北京：科学出版社，2006:164.

② 俞国良．论个性与创造力[J]．北京师范大学学报（社会科学版），1996（4）．

科学建制

科学是一种社会活动，但并非主动成长，而是必须由置身于不同层次上的从事科学或为科学而工作的人们来培育。在范例中，作为主体的科学家，首先是由一套完善的人才启蒙与教育体制培养而成，而其具体完成的科学创新与方法创新又内在于科学共同体的集团活动中，科学共同体通过有机的组织形式和定型的科研文化推动着范例的成长与科学的进步。

正如人们在很多范例中都能看到的，科学家事业上的成功与早年的教育经历都有着很深的关系。一个人所受到的启蒙教育对其以后的智力发展和智力类型会产生很大的影响，科学家是早慧还是晚熟，是长于推理、记忆超群还是想象丰富，在某种程度上都与启蒙教育有关。再者，一个人的科学专长也主要是通过系统的教育和严格的训练所获得。由于教育制度的差别，不同国家培养出的科学家差别是巨大的。有学生根据切身体会比较哈佛大学与北京大学在教学方面的差别，其中谈到，哈佛大学的重点在科研上，总把学生们当做科研家看待，所以教基础知识比较少一些，而北京大学把学生当做学生，教基础知识很认真，也严格要求他们掌握这样的东西。应该说，以探究为中心还是以知识为中心，在这样两种不同理念下组织的教育活动中成长，学生成才的几率差别是巨大的。

在教育这个层面上，科学上的师徒关系尤其是对科学家成长影响显著的一个因素。在科学家早期学习过程中，导师是他们事业的前辈、行动的楷模；在着手进行科研的阶段，导师作为领路人又起到了举足轻重的作用。有些科学家在早期发表论文方面之所以能多产，很大程度上是由于他们在多产的科学家指导下进行科学研究的结果。此外，师出名门还有助于个人的优势积累。这样，科学精英从一开始就确保了有利的位置，站在研究的第一线不断向前取得突破。

随着年轻人发展起自身的科学专长，他们也渐渐作为个体劳动者进入到特定的学术环境之中。由于当代科学规模越来越大，科学家的创造活动更加无法离开某个共同体，创造性也越来越多地产生于优秀的研究集体中，这已经成为科学发展的一条重要规律。

科学家们在社会中构成大大小小、各式各样的科学家共同体。在同一个领域中，不同的科学家共同体通常称之为不同的学派。一个学派确立并得到承认，往往意味着这个学派开辟了某一方向、提出了某方面的重大理论或者体现出了个性化的方法论进路。科学史上，学派凭借对科学活动的有效组织和对科学发展的重大推动而获得了广泛赞誉。而这种在共同信念下实施合作的高效科学家集团，对处于其中的每一位科学家的工作又都有着不可估量的意义。

作为一种有力的学术纽带，学派是通过科学家在兴趣、知识、能力、方法等各方面的互补来起作用的，比如新老科学家的结合，能使处在不同创造阶段的科学家得以最大程度地挖掘其创造潜力。一般的情况是，年轻人依靠大师的指引比较容易进入科学的前沿而尽早创新，前辈科学家则受年轻人敏锐活跃的探索精神的激发，延缓创造力随年龄增长而产生的衰退。再有，多种形式的科学交流也会造成科学家诸多的思想碰撞，产生出大量创造性思维的火花。既然是共同的信念和基本的观点将其成员有机地联系在一起，那么，学派中学术讨论达到最佳效果则是时有发生的了，成员们尽可以利用就餐、旅行、散步等各种自由交谈的机会就学术问题进行漫谈、辩论、问答，以获得新的思想启迪。

相比于学派这种有机组织形式，高度分化的体系学科则表现出了学院科学的重要特征。学院科学被人为地划分为不同的学院、系别和专业，但“一位布里斯托尔大学的物理学教授与一位身处雅加达的物理学家之间的共同之处，可能要比他与隔壁大楼的化学家之间的共同之处多”①。尽管如此，学院科学的实践和原则却是极其统一的。像科学家被要求从事原创性极强的工作，出版著作和发表论文，指导学生和参加会议等等这类的科研文化在学院科学中也是相对定型和均质化的，这是学院科学保持前进并向创新性开放的规范，在某种程度上保证了作为创新成果的科学固定产出。与此同时，在消除学科建制造成的壁垒与隔阂的意义之上，关于科学的社会合作还能成为创造力发展的结构支撑。维纳说过，“在科学发展上可以得到最大收获的领域是各种已经建立起来的部门之间的被忽视的无人区。”② 学科分立的体制模式不仅不符合科学活动中的协作要求，从长远来讲也是影响创新的一个重要原因。相反，很多成功的范例，在很大程度上恰恰就是通过打破学科建制作为一种稳定发挥作用的外部机制而完成创新的。

作为20世纪以来学科整合大势的后果之一，学院科学在一定程度上正被那些研究事业跨越了传统专业边界的科学大师们缝合起来，学科建制也已经或多或少地发生了某些结构性的转变。伴随着学科间合作的增多和跨学科学术共同体的崛

① [英]约翰·齐曼．真科学：它是什么，它指什么[M]．曾国屏，匡辉，张成岗，译．上海：上海科技教育出版社，2008:33.

② [美]诺伯特·维纳．控制论[M]．郝季仁，译．北京：科学出版社，1985:2.

起，跨学科研究的体制化取得了可喜的进展，学科资源也从守持争夺转向了互惠共享，特别是随着人类面临的各种全球性问题愈益紧迫，跨学科研究体制又正进一步地国际化。当然，由于实体意义上的组织结构具有不可忽视的稳定性，跨学科研究的强大潮流对学院科学现行运行机制的改变也不是一日之功。而在有些问题未得到根本解决的情况下，跨学科研究的体制化一日不取得进展，一些具有原创苗头的交叉项目就丧失一日发展的机会。

3. 范例成长的社会、文化背景

适才说过，科学是一种社会事业，具有自身价值和目标；它同时还是一个植根于更大社会中的社会建制，影响着其他社会建制和受其他社会建制的影响。而作为社会事实的一部分，任何创新范例都是在特定的社会文化背景下发生的。从这样一种广阔的架构来看，科学探究的社会特征和文化语境，不仅不应被看做对认识论主张的威胁，反而可更好地被设想为是另一种方法论助力。接下来就要挖掘这客观存在的具体的历史的社会文化背景中，是哪些最能推动创新的成功。

首先，科学创新的巨大动力源泉与社会生产实践的客观要求紧密相连，学院科学研究与对工业有利的研究之间的联系也随之建立。不可否认，科学家们关注的许多问题源于工业或经济状况，所以可以得出结论说，科学是在社会中发现自身的，而非仅仅是学术关注。并且由于大规模的工业化文明的发展，科学进步的机遇也大大增加了。

放下大型社会系统工程不提，科学研究活动也早已嵌入了全面的工业体系之中。20世纪70年代末，美国通用电气（GE）研究发展中心就拥有化学、电子、工程物理和材料等多个实验室，其中有科学家和工程师1200多名，获博士学位者465名，包括1位诺贝尔奖获得者、9位美国科学院院士和工程院士。另外如贝尔、IBM、英特尔、微软等公司也都拥有各自的大型研究机构。其他如钢铁、铁路、汽车、石油、化学等行业的大公司也都聘请杰出科学家主持自己的工业实验室。再看看科研成果的企业产出，像无线电电子学、微电子技术和光电子技术、低温物理、超导、凝聚态物理、通讯技术、系统控制和人工智能、生物反应和基因技术、纳米技术等这些构成最近几十年来的前沿和尖端的科技领域，大多都是在企业的研究机构里形成并成熟起来的。一方面，这些领域或研究项目只能在经济体系中按实际需要和资源情况被规划出来。与传统的科学研究机构相比，企业身处经济结构之中，掌握着自身的实际需要，有更成熟的寻找和组织所需资源的渠道和机制。另一方面，通过整个国家对科技创新成果的消费，企业也产生了自主创新的需要并具备了评价科技研发活动及其成果的能力。

图4-16 微软亚洲研究院

这些情况表明，为了应对日益激烈的科技、经济竞争，不仅各国民族工业要考虑主动寻求与科研院所、研发机构的合作与联盟，反过来，学院科学也只有使研究工作处在经济发展的前沿，才能保证其成果与方法始终是前瞻的和领先的。关于这种开放的知识创新网络模式，发达国家近年来的情况说明了一些问题。传统上，美国大学接受企业赞助的历史很长，但其学术研究与企业商业活动少有往来，20世纪80年代末以来这种情况有了很大改变。现在，美国产业界和工业实验室与大学的合作表现出前所未有的协调。也正是由于能让实验在起步阶段就同新技术和商业模式相结合，并尽快使来自大学实验室的概念商业化，美国在生物技术和软件业取得了明显的优势。相比之下，日本的研发工作更多是在大公司内部进行，大学僵化的官僚主义研究体系也缺乏同私营部门的联系，导致过去10年中日本公司在软件、因特网、生物技术等行业并没有获得很高的地位。

接着，再来关注一下能够对科学家工作产生影响的政治和社会部分。如今各国的科技创新活动都不仅仅是从认识论任务当中派生出来，更主要地还是从国家和社会的需要当中规划运筹出来，好的科技政策可以有效地促进创新。尽管如此，在政策实施和操作过程中还是要尊重创新规律，根据科学和技术各自的特点采取“有所为、有所不为”的做法。

在规划问题上，重大的原始科学创新是不适宜的。诺贝尔奖得主丁肇中曾多次说过，95%诺贝尔奖不是事先计划好的。反过来，真正规划的课题也多以失败告终。美国总统尼克松（Richard Nixon）在1971年宣布的为期5年攻克癌症的计划只是证明了波兰尼所说的：“科学的计划化”或“计划科学”将会中断“科学”一词所表达的追求，而代之以另外的一种行动——那根本就算不上科学。这简直无异于杀死了科学。[①] 第二次世界大战后对美国的科技发展起了重要领导和推动作用的布什（Vannevar Bush），技术出身且常年对管理有影响，则强调对科学不是计划，而是增加支持使国家能不断地进入新的前沿。实际上，对激励创新事业而言，科技政策把主要力量放在推动科技基础设施建设，促进科学传播、技术扩散，以及科技主体间的合作等方面上来才是真正的明智之举。有研究表明，20世纪80年代以来美国、德国和日本等发达国家已经在促进科技政策从使命导向型向扩散导向型这方面作出了卓有成效的改变。[②]

政府的行为如今越来越面向科学证据，反过来，科学研究相比以往也越来越需要政府、社会的支持。这一点突出表现在分配研究经费的制度对选择研究课题的影响上。例如，如果不注意到像洛克菲勒和古根海姆这样的慈善基金会的资助和政策的作用，就不能理解20世纪20年代美国物理学研究雨后春笋般的发展。它们在量子物理学爆炸性增长时期，资助了大部分美国物理学家从事研究。也正是由于受制于政治和文化的力量，科学才被更广泛的社会信仰和价值影响。比如福尔曼（Paul Forman）发动的那样一场讨论表明，德国知识环境的发展，包括当时在斯本格勒（Oswald Spengler）的《西方的衰落》一书的影响下大为流行的风尚，在很大程度上为20世纪20年代某些德国科学家放弃经典的因果性原理作了准备。

最后，在这一标题之下，还应分析文化传统的发展对于科学的影响。每一个民族都有它模式化的行为习俗和思维方式。它们形成了相应的传统。而当它们以约定的价值理念和行为规范等形式影响人的认识和行为时，就是所谓的文化。看清楚科学与历史上某些特定文化传统的关系，比将科学看成是超越文化区别的东西更有意义。近代以来科技革命作为一种广泛的新社会文化的兴起，已经引起各国对传统文化作出不同程度的适应与调整。毕竟，每一个国家都必须从它的文化脉络中寻找科学事业的新生长点。有人甚至认为，对于如何使自己的文化成为现实创造力的探索比对一般认知方法的探索更加重要。

作为一种集体生活的社会动物，文化传统对人所产生的影响，有着不可磨灭的痕迹。有研究表明在中国传统文化和中国人的人格特点中的确存在一些不利于

---

① 李醒民．科学的自由品格[J]．自然辩证法通讯，2004（3）．

② 刘立．基础研究政策的理论与实践[M]．北京：清华大学出版社，2007:134．

创造性发挥的因素。众所周知，影响我国几千年文化的儒家学说是治国平天下的社会伦理规范。相应地，中国人的传统思维是伦理型思维，往往着重于人的伦理纲常，不善于执著地对自然界变化规律进行探索。中国传统文化中的治学之道中，“学”也是以“用”为基础和评判标准的，对脱离了“用”的“学”是不鼓励、不提倡甚至是反对的。再就“学”本身来看，中国文化对已知内容高度重视，需要身体力行，但并不鼓励对未知或新知识、新领域的独立探索。人们按照有着明确标准的具体内容去实实在在地践履也就罢了，如果沉湎于尚无定论或与当下知识体系不一致的内容，就会被冠以“不切实际”甚或“好高骛远”之名。

这种伦理型思维长期积淀下来，投射到中国人的心理深处，往往表现出一种“精于完善，怯于突破”的思维模式，外化为“勤于执行、疏于开拓”的行为模式。凡事追求安全、平稳，趋向于谋求和谐统一，缺乏大胆的怀疑精神，久而久之，影响了我国学人思维潜力的发挥，阻碍了认识的广度和深度，也影响出创造性的成果。① 也正是在这种思维方式的影响下，屈从权威、尊崇师长、服从划一、“学而优则仕”等观念也根深蒂固地植在中国人的思想里，思辨和清谈之风弥散在中国人的治学环境中，它们潜在地压制了人们的自主意识和开拓精神，使中国科研深受其害。

图4–17 剑桥大学

科学研究需要好的传统，“先进的文化比千军万马更具征服力”②这个道理，在治学创新上一样适用。然而，非物质、人文化的科学传统的积累不可操之过急。今天的剑桥大学和哈佛大学分别出了近60和30多个诺贝尔奖得主。但要知道，剑桥大学约有800年的历史，哈佛大学是由剑桥大学伊曼纽尔学院的哈佛（Rev

① 周立伟．再谈科学创造四阶段[G]//北京理工大学科学技术与社会研究所．科学技术与社会文化．长沙：湖南人民出版社，2007:27-28.

② 阎康年．中外科技创新文化环境对比研究初探[G]//科学的思维．北京：科学出版社，2006:157.

E.Harvard）出资建立哈佛学院开始的，至今也有360余年。中国近代科学技术是在碰撞与渗透中蹒跚起步的，近200年的时间里，传统的科技环境特别是传统文化环境发生了巨大的变化。这个过程至今仍在继续，将来也许需要更长的时间。但无论如何，英国科学社会学家贝尔纳（J.D.Bernal）有一句话始终让人深受鼓舞："从中国已有的成绩可以看出，经过适当改造的中国文化传统，可以为科学事业提供一个非常良好的基础。的确，只要有了表现在中国文化的一切形式中的那种细心、踏实和分寸感，我们就可以有理由相信，中国还会对科学发展作出即使不比西方更大、至少也和西方一样大的贡献。"[①]

① 郭传杰．科技创新与人文精神的互动[G]//科学的魅力．北京：科学出版社，2002:145．

第五章
科学大师范例的示范性和感召力

> 伟大的故事激发人们寻找问题，而不是上一堂问题解决的课。它与困境深深相关，与过程相关，而不是与这个过程通向的目的地相关。
>
> ——布鲁纳：《故事的形成：法律、文学、生活》

一、科学大师创新方法范例的遴选

1. 范例遴选的设计和操作

范例研究比较耗费时间和精力。如果事例庞杂，研究者就会为其数量和细节所拖累，造成事倍功半的结果；但倘若事例都是信手拈来，又失去了其作为典型的意义。因此，合理地确立范例的选取原则就成为完成某一特定问题范例研究的先决条件。

科学史上不缺少在重大研究过程中创新方法的实例。科学家的目的是要对世界的某些部分或某些方面给出实质性的真实解说，这一点显然不容易达到，毕竟，所有可供依靠的就是他们看到了什么。所以，如何利用所看到的有限的东西来做些什么，就成了科学家从事这项事业的过程中最重要的工作。正是在这项工作当中，我们看到，经验证据的获取可能需要在实验设计上的大量独创性，科学理论的提出又更多地依赖于思维构造上的新颖性。于是，创新性地寻找科学的探究方法就成了科学家最不可敷衍的任务。正是这一点，在一定程度上保证了创新方法研究中范例的可选择度。

但即便如此，也并非所有的科学家都是好的探究者。彻底的、创造性的探究是困难的和要求严格的活动。因此，那些匆忙、草率的、失败的工作应该首先被排除在我们的选取范围之外。而为了优选出具有典型意义的范例，我们还要对在同一个方向前进，并且处于差不多级别的科学家的表现进行实质性的辨识与区分。大都知道，作为这样一类拥有卓越才能的群体，科学家对自己的科学分支的确有着不平常的提纲挈领的理解。即使他不立即知道如何去解决一个具体问题，他也会作出一个很好的开端。这是因为，科学中的问题通常最终有一个正确的答案，并大致可以用同一种方式来理解。与此同时，在一个既定领域的一门精密科学中，关于任何问题的原始材料、资料基础通常是比较确定的，而大多数专家或多或少也有着共同的科学认识论。所以，从看似相差无几的科学表现中，辨析出独胜一筹的方法策略，就成为创新方法研究在选取范例这一步骤下的重要任务。不难看出，科学家的科学表现中最为重要的那部分，也正是创新方法研究最感兴趣的事。

需要特别指出，如果一个科学探究过程在方法论方面具有特殊的重要意义，即使工作的结果存在部分争议，只要在允许的范围内，也应该是这项研究所需要的。与实证方法论关系密切，在判断某个范例在哪里取得了成功的时候，传统辩护主义一般使用的是借以用来判断经验信条的可靠性或经验探究的严格性的标准。本研究则略有不同。在对过去成果的评价标准当中，正确与否固然是一个重要标准，但并不会将历史上曾经重要的成果因为以现在的眼光判断有缺憾而扔掉。只要在它尝试解答问题的过程中充满了另辟蹊径的智慧，并体现出一些宝贵的、曾引导发现者去解决问题的特应性因素，就不应切断它与本研究的明显联系。换句话说，研究得到的结果是可错的，但这并不妨碍把好的探究方式留存下来，供人体会。

至此，大致已经清楚，是否具有与众不同的方法是这项研究选择范例的严格基准。一般而言，只要把能够满足“行未行之路”这一条件的例子选出就可以了。然而，在满足遴选基准的前提下，如果所选取的范例能够更好地体现创新方法研究作为一种对科学探究之路的多维的说明，那就是再好不过的了。具体而言，这样一个说明既不会忽略证据的重要性，又会部分地参考社会与文化的语境，毕竟最终要关心的是把创新方法与整个科学创新活动的发展经验并置。

作为并非不重要的一点，需要指出，科学如今已经很难按个体的形式准确辨认创造成果。比如我们能对一百多年前诺贝尔奖得主的工作如数家珍，但对近年的情况却不甚了了。既然大科学背景下个人独立从事研究取得重大成果的可能性愈益减小，创新方法范例的遴选便不宜局限于个体的科学家，应适当考虑在方法上取得重大创新成果的某些科学家团体。

说到底，范例的遴选是要为创新方法研究服务，或者说，创新方法研究在启示科学创新方面的绩效，不仅与采取范例研究的方式有关，还与范例的选择紧密相联。作为研究者，我们决不会幼稚地认为一个好的例子甚至许多好例子的总和就可以促发科学创新的蓬勃，但却深深知道，一个坏的例子对于启示科学创新的最终目标是一定失败的。

具体到本课题，作为科技基础性工作专项项目研究，我们将遴选的范围圈定在本土（包括华裔）的著名科学人物中间，且以刚刚过去的一百年中的科学家为主。如所周知，我国的学问家和发明家昔日有过辉煌的成就，这种荣光在20世纪后得以复活亦有目共睹。作为整个中国现代科学技术史最重要的时期，20世纪的中国科学技术事业，不仅成果源源不尽地汇入人类文明史册，而且达至这些成果的创新方法也奇光闪耀。更重要的，由于国内关于创新方法的研究，较为缺乏与自身文化传统和科研实践结合，而且学理探讨远远多于范例研究，相较于国外理论与案例研究齐头并进的情况，我们更要结合本国科学方法发展的实际多做工作。下面，拟就对具体卓越范例的选取、特点和意义作一巡礼。

2. 具体范例的遴选

在遴选具体范例的过程中，本研究花费了大量的时间和精力。这不仅是因为在20世纪科学本土化的进程中涌现出了大批优秀的科学家，从而难以取舍，而且由于必须对有待选择的科学家做相对充分的了解，因此要不失时机地去领会他们那些天才而又艰深的创新思想，熟悉他们丰富多样的人格性情。即便这样，仍留下许多遗憾，在本课题所选取的科学大师以外，还是有太多有分量的科学家无力兼顾。最终，交出如下这样一份清单：

方正大师：王选

育种大师：袁隆平、李振声

物理大师：杨振宁

化学大师：徐光宪

数学大师：华罗庚、陈省身、吴文俊

领军科学家：钱三强、钱学森、赵九章

领袖科学家：王大珩、叶笃正、刘东生

桥梁大师：辉煌业绩与创新方法

人文大师：奠基性研究与创新方法

首先呈现给大家的，是极具时代感的方正大师王选和育种大师袁隆平、李振声的创新方法范例。这两个范例之所以被优先选择，是由于它们所代表的研究都具有明显的应用性，从而更加具有现实的说服力。在这几位大师的创新工作中，“产学研一体化”扮演着极其重要的作用，甚至给他们的团队提供了巨大的推动力和实际需要的研究问题。他们也都相当重视创新成果的推广和应用工作。

王选作为创新大家，是当代的方正大师。正是这位当代的方正大师，在古老的汉字中找到了数学规律，叩开了汉字信息化的大门，使全世界看到了中华民族的传统文化精神在现代环境下展现出的创新能量。也是这位当代的方正大师，以“北大方正”为平台，一次又一次掀起报业、出版业和印刷业等领域的革命，使汉字信息处理技术的商业价值得以成功开发，为我国高新技术闯出了一条产学研一体化的成功道路。在我国的大型科研项目中，像汉字激光照排系统这样，完整地走过基础研究、原理性样机研制、中间试验、定型生产、大面积推广各阶段，并在市场需求的拉动下最终实现产业化的重大创新并不多见。王选创新是当之无愧的重大创新，也为中国真正的自主创新作出了最好的诠释。因此，对王选创新方法的研究，必定是一种对创新范式的生动说明；方正大师范例本身，也必定是一个典型、成功的创新方法范例。

俗语说，无农不稳，有粮不慌。中国地少人多的国情带来的粮食安全问题既回避不了，又刻不容缓。历史实践证明，科技创新在保障粮食安全方面发挥着关键性作用。其中育种科研又是农业科技创新的重要一环，直接关系到粮食的增产与品质。新中国成立以来，育种工作取得了长足进展，今天中国以7%的耕地养活了世界22%的人口，应该说，原因固然很多，但以袁隆平、李振声为代表的中国育种工作者居功甚伟。袁隆平在南方研究杂交水稻育种，李振声在北方研究杂交小麦

图5–1 袁隆平

育种，两位育种专家的努力极大地提高了这两种中国最主要的粮食作物的产量，“南袁北李”这一并称也从此叫响。他们之所以能在育种领域取得卓越贡献，与其在方法创新方面的工作是分不开的。无论是袁隆平从“三系法”水稻研究到“两系法”杂交水稻研究再到超级杂交水稻研究，还是李振声从小麦－长穗偃麦草的远缘杂交育种研究，到系统探讨小麦染色体工程，再转向提高小麦营养元素和日光能利用效率的研究，他们始终没有停止创新的步伐，并且采取不同的科研方法解决各个研究阶段所遇到的科学难题，他们当之无愧是创新方法的大师。

与应用型的计算机技术、农业科技相对应，接下来推出的，是基础学科物理、化学、数学方面的大师范例。物理选了杨振宁，化学选了徐光宪，数学则选了华罗庚、陈省身、吴文俊三位院士。他们的成就都是代表性的，在创新方法领域亦多有亮点。

图5–2　杨振宁

华裔诺贝尔物理学奖获得者杨振宁是“中国人在国际科学上成就事业第一人”（丁肇中语）。而他在取得发现“宇称不守恒定律”、规范场理论、杨—巴克斯特方程等一系列辉煌成绩之后，甚至被国际科学界的著名人物评价为“自爱因斯坦和狄拉克之后20世纪物理学出类拔萃的设计师”。杨振宁所以能取得这样突出的成绩，与他在长期科研活动中所形成的丰富的科学方法论思想有着很大关系。在科学美、科学风格、科学教育、中国文化等问题上他也有着自己独特而深刻的见解。要说选择杨振宁作为物理学大师范例的理由，便再没有什么比这个更充分的了。

化学方面，徐光宪院士在量子化学和化学键理论、配位化学、萃取化学、核燃料化学和稀土化学等领域多达300万字的著述奠定了其在化学界的泰斗地位。尤其在稀土化学研究方面，他提出的串级萃取理论在世界上处于领先水平，被国内外专家誉为“理论上的突破，实践上的创新”。这些原则和方法用于实际生产，使我国的稀土分离技术走到了世界最前列，短短十几年就从一个稀土“匮乏”大国一跃成为

图5–3　徐光宪

世界上最大的稀土出口国，造就了一个关于稀土的“中国传奇”，被国外称为China Impact（中国冲击波）。用基础研究服务于国家目标，这是徐光宪毕生事业的原则和动力，为了让中国从稀土大国变成真正的稀土强国，为了让中国在未来的能源、经济、军事、外交领域占据更多优势，已到耄耋之年的徐光宪院士依然在奔走疾呼。他的名字始终与稀土元素、与国家战略同在。

20世纪20～30年代，一些早期留学欧美的学生将近代数学知识引进中国，使中国近现代数学得以长足进步，并涌现出一批优秀的数学家。华罗庚和陈省身就是当时数学界升起的两颗最耀眼的明星。陈省身比华罗庚小一岁，他们差不多同时进清华大学，又几乎同时发表论文，以后相继出国，在世界著名数学杂志上发表研究成果，取得国际地位。1950年以后，这两位数学巨人虽然天各一方，却都为中华民族在20世纪的数学复兴作出了杰出的贡献。华罗庚在国内的数学界发挥着领导作用，成为家喻户晓的科学偶像；身处美国的陈省身在国际数学界则影响甚巨，成为几何学的一代大师。另外，在数学学科庞大的“中国方阵”中，本课题又遴选出吴文俊作为中国现代数学的代表人物。他在华罗庚于1985年去世之后成为了中国数学界的一个标杆，其在拓扑学和数学机械化两个领域的成就影响深远。

图5–4 华罗庚

再接着是在我国科技发展的举国体制中作出卓越贡献的两类科学家，即“两弹一星”领军科学家钱三强、钱学森、赵九章，以及领袖科学家——战略性科学家王大珩、刘东生、叶笃正。当然，这些院士在自己的专门领域的成就也是首屈一指的。

20世纪50～60年代，在国家经济、技术基础薄弱和工作条件十分艰苦的条件下，中国人依靠自己的力量，用较少的投入和较短的时间，突破了原子弹、导弹和人造地球卫星等尖端技术，创造了新中国向现代科学高峰攀登的伟大奇迹。在这样一种举国体制之下科技发展，科学大师除了要求个人成就之外，还要有指挥千军万马的本领，有在复杂的条件下科学决策的能力。在向党中央建议发展中国

图5–5 赵九章

的原子能事业，火箭、导弹事业和研制人造卫星的关键节点，在酝酿、启动、规划、组织以及具体研制“两弹一星”的过程中，钱三强、钱学森、赵九章等领军科学家都表现出高超的决策和协调能力。他们的范例对于人们理解大科学在中国的发展，对于理解方法创新、管理创新的价值和作用，具有重大的理论和实践意义。

在科学共同体中，还必须拥有这样的帅才，他们不但自己功勋卓著，还具有远大的战略眼光。王大珩院士是我国科学仪器和现代计量技术的开拓者和组织领导者。多年来他对我国仪器学科与产业发展提出了一系列全面而深刻的论述和建议，对推动我国仪器科学与技术的发展产生了巨大影响。刘东生院士是国际著名的第四纪地质学家、环境学家、高山和极地科学家。他在广阔的地球环境研究领域具有前瞻性，不但在黄土研究方面作出了堪称卓越的原创性成果，而且是中国环境地质学的开创者。叶笃正院士则是学术界公认的中国大气科学界及全球变化研究领域的一代宗师，是他带领中国的气候研究走进了一个大的系统工程。他还是国际大气科学界屈指可数的几位巨匠之一，目前中国在国际大气科学方面占有一席之地的几个研究方向，都与他的学术贡献有着直接的密不可分的关系。王大珩、刘东生和叶笃正院士是真正的科学大家，是难得的帅才。也正是这三位前辈，在《关于加强创新方法工作的建议》中明确提出了“自主创新，方法先行”的重要观点，受到国家领导人的高度重视。

图5-6　王大珩

最后两个子课题选取的是工程和人文两方面的重要科学家，工程巨匠以当代桥梁大师为范例，人文大师以20世纪上半叶在巨变时代作出奠基性研究的人文大师为范例，写的都是一组人和事。

桥梁，这种糅合了通达之喜、凌空之趣和创造之美的建筑奇葩，承载着世世代代能工巧匠的独运匠心和精湛技艺。而桥梁建设的发展，又对人类探索地质、水文、气象的奥秘和究求材料、结构之原理提出了极高要求。20世纪以来，我国开始自行设计和建造现代化桥梁，并在新中国成立后迎来了它的黄金时代，一批具有世界先进水平的现代桥梁相继建成，工科院校也开设了专门的桥梁专业，培养了一大批掌握系统知识的桥梁工程技术人员。在群星璀璨的中国桥梁专家当中，本课题选择了茅以升、李国豪、项海帆、秦汉、陈新等院士作为代表。同时以若干座有世界性影响的大桥为案例，放眼其中的工程巨匠，看他们在改进桥梁设计、革新建桥工具、创造建桥技法等方面是如何表现出高度的智慧与胆魄的。

图5-7 茅以升

20世纪上半叶，与中国剧烈的时代变迁相应，中国的人文学科也经历了传统学术向现代学术的转型。在这一过程中，一批学贯中西、会通新旧的人文大师，开风气之先，作出了开创性、奠基性贡献，创立了新的研究方法，极大地影响了我国的学术发展。了解他们的风范、思想，探究他们的创新方法，对于今天人文学科的创新具有重要的启发作用，对科技创新也有借鉴价值。当然，这一时期称得上大师的不可谓少，但在人文学科领域作出奠基性贡献的也不是太多，这里属意于九位。其中，梁启超、王国维、陈寅恪、赵元任、李济是当时公认的大家，是清华大学国学研究院最初聘任的导师。胡适、傅斯年则既有北京大学的师承、又都出任过北京大学，更是“台湾中央研究院”的台柱和历史语言研究所的创始人，在学术上也是开风气之先者。金岳霖、冯友兰则先后为清华大学哲学系和西南联合大学文学院的顶级教授，在哲学、逻辑和中国思想研究中成就卓著。这九位人文大师在历史、考古、语言、文学、哲学等领域作出的贡献，具有奠基性的意义，既得益于其思想观念、思维方式的创新，也得益于在治学和研究时采用新方法，应用新工具，重视新材料，更得益于兼具深厚的中国传统文化之学养和有世界性学术眼光与严格训练的中西学术之优长。

图5-8 梁启超

可见，虽然挂一漏万，但本课题所遴选的范例涵盖数、理、化基础学科，涉及农业、工程、高科技和人文学科领域，并突出领军型、战略型等重要类型的科学大师与学术精英。他们的卓越工作与创新方法的深刻联系应该能给人们提供极好的范例。

3. 范例研究的预期

对于任何研究，每个研究者都想要贡献出可靠有效的研究成果。一般来说，范例研究是从内外效度两个方向上体现出其具有实际意义的贡献。内部效度评价的是研究成果与现实匹配的程度，它必须在尽可能大的程度上与现实一致；外部效度是指研究成果能够应用到其他情景的程度，也就是它的通用化程度。

以内外效度作为范例研究的成果预期，其原因在于，普遍存在于特殊。就是说，从一个特殊的事件中可以得出一条具体的普遍原则；并且这具体的普遍原则也能够转移或推广到相似的其他特殊事件当中。范例研究，正是以特殊体现普遍、以具体反映整体、以少见多的典型研究方式。既然如此，从范例研究中得出的普遍原则，也完全可以外推到相似的其他情景当中。事实上，这种普遍与特殊之间的双向转换关系，也是大部分人处理日常生活的方式。人们往往会把在特定环境中获得的经验转移或推广到后来遇到的相似场景。

在创新方法范例研究中，读者看到的是某位科学家特定的创新方法事例，但其中有些方面是绝对普遍的，即可以跨历史、跨文化、跨地域地应用到所有创新场景中的那些方面。换句话说，每位科学家的方法例子都可以看做是他自己的一个独特系统，但这个系统同时也展示了创新方法的普遍特征。这些普遍特征虽然是在具体而不是在抽象中显现出的，但不论场景中有多少变量并且如何变化，在狭义上都可以看做是思维技巧、操作技巧而广义上则可以认为是认知传统、社会信念的创新方法的普遍特征，都完全可以类似的方式外推到创新的其他场景当中。

由此对创新方法范例研究展开预期，一是要看创新方法范例研究的具体成果是否能够真实地投射创新方法的本质，二是看创新方法范例研究的具体成果有多大程度的通用性，即人们能否从这一研究成果中得到在其他场境下从事科学所需具备的实践精旨。一言以蔽之，对研究进行预期不仅是为了考核研究者的成果贡献，还涉及考察这项研究在根本上是否有助于人们对创新方法本质的理解和科学实践精旨的传承。而后两者，分别就是创新方法范例研究之内外效度的最佳体现。显然，范例研究的外部效度可以用来印证其内部效度。但要探讨外部效度问题，这项研究首先必须是有内部效度的，因为“根本没有必要去考量无意义的信息是否有推广应用的价值”[①]。

关于范例研究是否可以达成“投射创新方法本质”这一内部效度的预期，这里首先有一个无法回避的问题。大都知道，采取范例方式的一个重要原因，就是为了对创新方法作一种整体的、多维度的和进行中的真实建构。既然创新方法的现实是如此多变和不确定的，那么，如何又能把握和评价研究结果与现实的一致性呢？事实上，把研究的每个局部都与作为其来源的现实进行一一对应，以此来决定效度是不合适的。创新方法的真正现实，根本是在于对它的本质的理解。

毋庸置疑，用上一章中勾勒出的三种分析路径来描述范例，研究者可以成功地让人们理解某个科学家的创新方法。如此一来，范例研究中也就包括了生动厚实的细节描述，然而，它又决非只是为了描述而描述。这些描述性的内容其实最终是用来构建概念框架或者用来阐明、支持在描述之前就已经存在的理论假设。正如在本书的后续卷本中能够看到的，研究者针对各个范例尽可能地搜集有效的资料对研究对象进行分析、解读，进而对研究发现的不同侧面进行概念化，体现了理论建构的抽象与深度。

进一步说，范例研究又是一种归纳的、合作的努力。研究者中的每一个人都有权只对少数范例或者范例的少数成分作出贡献，但随着时间的流逝，通过这种个人贡献的叠加，理解的深度便增进了。当一位研究者对散布在整个科学史上的许多创新方法范例至少达到了部分的“理解”，那么他就有可能以一种更深刻的公式达到对该领域的理解，而不仅仅是累积对单个范例的理解。这种单个范例间的联系开始出现，类似理解一张显示区域间联系的地图的基本简单性，开始似乎是一种混乱的并且几乎是任意集合的东西，将呈现出一种比较有条理的格调。它构成了创新方法范例研究作为一项科学研究的基础。

正是通过上述两点，范例的研究者才可以说，他们至少在说明创新方法的本质方面起到了作用；由于他们的工作，读者也正开始理解创新方法。但这也只是研究的一个首要目标，科学探究的应用性本质要求创新方法范例研究还要达到另外一个目标，那就是传承科学实践之精旨。

这里也许有人会问，范例中的大科学家都是些天才人物，对于它们的分析怎么可能具有一般性呢？又如何能要求普通人通过这么一项研究就能掌握科学实践的精

① Guba E G，Lincoln Y S．Effective Evaluation[M]．San Francisco：Jossey-Bass，1981:115．

旨呢？在此需要指出，就科学家的才智而言，他们的确具有某种特殊性。但就认识过程的一般性而言，人们可以发现，在卓越人物的所谓“特殊性”中，其实更为具体、深刻而完善地反映了认识过程的一般性。在这个意义上，普通人与天才之间没有任何差别。甚至可以说，天才之所以为天才，除了先天素质以外，只是由于才智的发展更为符合认识过程的一般性，才取得了不同一般的特殊成就的。

更何况，创新方法范例研究外部效度体现的重点，并不全然在于才智发展和认知层面。如果通过范例对在技能、实践、工具、心理和行为背景下的科学创新的描述，读者能够洞察其隐，那同样也是有所获的。所谓入乎其内，出乎其外。一旦理解和领会到范例中创新方法的诀窍，也就能发展出识别、联系、比较、建构这些诀窍的原创力，从而外推到关于创新的其他场景当中发挥作用。

作为范例研究成果预期的重要标准，内外效度总的体现为范例研究在智识意义上的示范性。一般来讲，作为范例的任何一项方法创新，因其能够开辟一条人类未曾探索过的道路，能够极大地促进人类对令人困惑现象的理解，而受到研究者对它特别的推崇。也正是通过一种归纳的、合作的努力，范例研究将散布在科学史上的这样一个个范例进行挖掘，从而呈现出它对创新方法本质的理解和对科学实践精旨的传达。因此，示范性作为范例绩效评估的标尺，其含义是不言自明的。

当然，也总有一些人，他们不满足于知道作为形式表达的科学理论与方法，甚至不满足于了解这些科学理论的来源和方法的演变，还想透过某种渠道获悉在科学理论的产生和方法的演变过程中可能发生的任何有趣或感性的事情。请注意，在此，我们的研究已经开始涉及情感化的问题。情感化使得人们对一些交互状况感到惊奇，喜欢一些人性化的故事，并可能将一些要素包括进来。比如这里表现为人们对发现者或者发现过程的渴望。这些事情更加贴近于人类的情感。而基于经验叙事这一得天独厚的优势，范例研究也要求觉察到这种情感化并实现它。而作为读者，科学情感化的实现，也就意味着范例感召力的获得。

从根本上，科学本身的人性化意义其实就在于这样一种不仅是智识上的，还是美学上的享受。于是便可以把对应智识意义与美学意义的示范性和感召力，当做评估范例研究绩效的标尺。

相对于传统规范形式的方法研究而言，示范性作为范例研究绩效评估的标尺，是极富深意的。一般来说，规范性的方法研究都在尽力减少着复杂性，这就使得读者在某种程度上易于达成预想的目标。但事实上的结果却是太多的人只形成了权且对付那些简化了的问题的途径和策略，对于复杂情形既束手无策，又无任何可受启发的线索。我们说过，这就好比开车到一个地方去，交通规则和驾驶技术尽管都是必要的，但并不意味着我们知道如何选择一条最短的路径到达目的地。示范性的意义，就在于其所透露的线索能够帮助人们找到那一条最短的路径。评估创新方法研究，这点毫无疑问是核心。

相应地，规范性研究之单一、缺乏适应性的策略还对人们形成求真求知的信念、求新求异的渴望产生相对消极的影响。要知道，任何的创新企图，即便不是发自于对独创性的理性意义上的追求，也要发自于对独创性的感性意义上的激赏，感召力正是唤起这种精神激情的伟大号角。规范性研究对方法规则的无限还原和对发现过程的彻底排斥，导致了它无法用深层次的情感来影响和感召也许本能够作出创新的人们。相反，范例研究坚持对发现过程的梳理，注重对内在关系的考察，以此启示知性珍宝的整个库藏，在人心中激起更大的创造激情。作为范例研究绩效评估的另一个重要标尺，科学在它的高级阶段，将比初级阶段更需要感召力在人们的精神层面发挥作用。

二、科学大师范例的示范性

终日而思不如须臾所学[①]，凝练在范例中的智慧结晶，往往带有睿智的光芒，这些光芒最能照亮人们的心灵，使其潜在的智慧被激发出来，导向创新之路。当然，范例研究还可以让人们了解在促进方法创新的各类因素中哪些是受心理制约或者作为社会条件的部分。这一点，则可以更加快速地转化为关于如何创新的启发性内容。

1. 原创力的提升

逻辑上看，要用既定的理论框架来取得那些大到能够改变这些理论框架的发现，是不可能的。科学史上但凡重大突破，都与科学家注意探索其科学研究领域

① 《荀子·劝学》中有“吾尝终日而思矣，不如须臾之所学也”的说法.。

中的奇异性有关，因为只有不断发现科学中的奇异性，才能深入到既定理论框架所无法接触的未知世界。这里，可以再次看到发现是创造性的，即发现不是按照以前任何已知的程序顺理成章地得到的。这就加强了人们对原创力的观念。所谓原创力，就是寻求通向未知世界的线索的能力，它预示着人们在与一个更加广阔领域内的经验进行着新的接触，从而能够达到对某种隐晦而深刻的东西更为真实的理解。

图5-9 柏拉图

老子有言，道常无名，意思是隐藏在万事万物背后的深刻机理是无法用语言说明的。那该怎样获取这样的知识呢？中国哲学强调的是暗示、会意、了悟，即通过一定的实践、陶冶达到领悟与内化。两千年前的柏拉图也指出，寻求一个问题的解答本身就是荒谬的，因为或者你知道寻求什么，那么就不存在问题；或者你不知道寻求什么，那么你就不能指望发现任何东西。而破解柏拉图悖论的关键在于，默会知识使得人们能够预感到某些隐藏的东西，然后去寻找，找到了，就是科学发现。

不错，这里的确想要表明，原创力技艺的提升只能通过默会知识的途径来进行。因为真正有意义的科学问题是那些“暗示”着能够获得某种至今未能理解的实在关系的问题。这种问题的确定不能得到充分的逻辑说明，只能诉诸于非逻辑的默会知识。或者说，默会知识是一种“先见之明”，正是由它决定了科学家的创造能力。这一点，波兰尼看得着实清楚：“在考察科学探索的根据时，我发现科学的进步在每一阶段上都是由难以界定的思想力量所决定的。没有规则能够解释我们如何发现一个好主意以开始一项探究，而关于某问题所提出的解决方案之证实或伪证，也没有严格规则。……科学发现不能通过明确的推论来获得，其正确主张也不能明确地加以陈述。科学发现只能由思想的默会能力来达到，其内容，就其是不确定的而言，只能默会地加以认识。”①

而范例之所以有助于个人发展自身的原创力，也与默会知识在范例研究中更加易于获得有关。众所共知，默会知识按其本性来说是一种智慧而不是一种具体的知识，它具有情景性的特点，即它的获得总是与特殊的问题与任务情景（situation）联系在一起，而其作用的发挥也与特殊问题或任务情景的“再现”

① 方明．缄默知识论[M]．合肥：安徽教育出版社，2004:45．

或“类比”分不开。[①] 因此，本质上作为一种理解力、一种领会的默会知识，其载体是共有范式下的科学共同体、课题研究组和科研人员，一般来说不会正式地定义和公开地传授，其传播也是在无言地进行的。这也就是为什么在实际的科学研究中会产生大量的默会知识，如不亲身参加科研实践便无从获得的原因。

在这种情况下，默会知识就不可能简单地通过那种侧重于硬性灌输的讲习传授来掌握。诺贝尔奖获得者、华裔科学家朱棣文就指出，创新就是用新的方法想问题，至于怎么培养学生的创新能力，其实并没有现成的教案，最好的方法是给他们一些例子，让他们在一种从头到尾的参与过程中感受什么是创新，只有直接经历，才容易理解创新是怎么一回事。[②] 的确，同国外的许多大学相比，我们的大学所传授知识的深度和广度都要超出许多，学生的考试水平也不错，但一到解决实际问题，要求动手和创新的时候，问题往往就会暴露出来。这正是因为我们的科学教育过于注重传授书本上由形式逻辑所整理出的理论知识和科学方法，而忽视了学生的实践探索和身体力行。当科学方法与切身经验相分离，在解决实际问题的时候，这些知识常常就是没有消化的死知识，难以用“活”。

对此，范例研究注重以情境化的方式引导人们追踪科学大师进行科学探究的方法，发现知识线索之间的内在联系，从而有效转达人们所需要的洞察力。也是在这个意义上，可以说范例研究提供了一种虽然不是直接经验，但起码可以通过体会揣摩就能得到的默会知识。不用说，范例中的科学大师都是那些对将要发生的情况具有默会能力的科学家，而通过对其创新方法过程与情境的再现，范例使读者置身在科学大师所曾进行的认知活动之中，对科学大师的集中觉察活动进行一次动态的观摩，并在这个过程中增强自己领会和把握经验与实施理智控制的能力，从而发展出自己的默会知识。

2. 以范例作创新指南

中国有句古话：熟读唐诗三百首，不会作诗也会吟。这句经验之谈很有它的道理。三百首唐诗从数以万计的诗词中精选而来，代表着五言、七律诗中的最佳

① 方明．缄默知识论[M]．合肥：安徽教育出版社，2004:189.

② 方明．缄默知识论[M]．合肥：安徽教育出版社，2004:211.

模式，不仅具有优美的结构形式，还蕴藏着发人深省的内容，所以千百年来传诵不休，成为习诗的样板和捷径。事实上，要获得科学创新的能力也是一样，必须精心选择创新方法的典型范例，反复研究，入乎其内，出乎其外，洞察其隐，从而也就能领会到创新方法的实践诀窍。

前面说过，所有的方法应为人类无偏见地对待，从心理内省到电子计算，从定量测量到猜测性推断。方法种类繁多，从来也不落进任何一个明显的模式，所以如果说范例只抓住其中一点而不顾其余，研究就会再次先入为主。因此，原则上，在范例所展示出来的科学构架中，不应该把科学家在科研中实际采用的任何一种技巧和方法论排除在外，也就是说，范例研究将在尽最大可能的情况下把创新法则的整个范围展现出来。正是在这个意义上，我们找到了范例研究成为创新法则的指南的基本依据。

作为已被明确表达了的观点之一，人们主张通过研究更早的科学家的工作，科学家能够获得灵感，找到他正在寻找的解决办法。可以设想，与从事同样问题研究的人一样，某位科学家对自己从事的工作有内在的兴趣，特别想知道同行过去是怎样去理解他面临的问题的，这样他可以在如何解决他面临的问题方面得到某些启示。彼得·齐曼（Pieter Zeeman）获得诺贝尔奖的发现，即1896年发现的所谓齐曼效应，是科学家从前人已经发现了的解决办法中直接获益的一个惊人例子。麦克斯韦描述过法拉第（Faraday）试图探索磁对光谱线的影响而没有成功。齐曼受到这个描述的启发，在研究了法拉第的原始著作之后，用更加先进的实验装置重复了它，立刻就探测到了法拉第未察觉到的效应。① 尽管这只是一个罕见的情形，但它也多多少少确证了下面这样一个有着略微广泛意义的观点，那就是，哪怕是多么新奇的思想，也完全有可能通过与过去那些蕴含着大量方法的创造相类似的生成规则来描述和形成。也正是在这个观点上，才可以说范例研究也许能够提供一种虽非按图索骥，但也可供参考的创新法则的指南。

与上一种观点稍微不同的形式，就是主张范例研究为方法的批判性检验提供素材。此前说过，很难找出一个公式，可以一举使人的大脑变聪明并在短时间内实现创新。但如果人们起码了解了避免失败的思维方式，那么是可以取得真正的改进的。在成功地创新方法以前，科学家大多有过遵循错误思路或者思路不顺的

① [丹]赫尔奇·克拉夫．科学史学导论[M]．任定成，译．北京：北京大学出版社．2005:36.

经历。这非但不是没有意义的，反而正是因为有了这样一种过程，最终沿着正确走向而实现了的方法创新才愈加能够显示出自身的方法论价值。抑或说，这样一个过程能使人们认识到获得现在所拥有的新方法所经历的认识“弯道”。而阐明这一点的紧要之处在于，没有什么规范性的方法研究能够提供像范例所能提供的这些“弯道”上的素材。在更进一步的意义上，如果范例研究能够越来越多地对科学中曾出现的方法进行批判的历史分析，总是可以方便未来的科学家，在试图发明一种新的方法并用这种方法着手解决问题时，把它与同行们实际采用的方法相比较。无论如何，范例研究把方法作为生成中的东西展示其实际走向，都会使人们对如何实现方法创新形成更高水平的认识。

总的来说，可以认同这样的观点：高度的创造力，即便是在德高望重的科学家中，也是一种稀有的才能。所以，为了充分发挥自己的优势，集中在一系列有限问题上，在所有已知问题上成为专家，用“最新”技巧去解决它们就很聪明。① 在某种意义上，这种想法里面包含了支持范例研究成为创新方法指南的最重要的一个推理，即参考已知的历史进程，可以为我们提供关于创新方法的各种信息，它们不仅足够我们采用，给知识以适当的贡献，而且，“从不同的思想途径得以交汇的观点出发，我们可以用比较自由的视角环视我们的周围，并且发现前所未知的航线。”②

3. 主观意识与客观条件的准备

与传统辩护主义的科学方法论皆与诸如心理、社会问题保持一定距离不同，在创新方法研究中，这些问题都不是什么危险的信条，且以自然主义的科学眼光看来，这两种维度都应当予以考虑。实际上，通过对经典事例与历史过程的考察，范例研究可以让人们了解促进方法创新的哪些方面是科学本身固有的部分，哪些又是受心理制约或者作为社会背景的部分，而后者，又都可以快速地转化为关于如何创新方法的启发性内容。

某种意义上，创新最为艰巨的任务是使人的头脑时刻处在整装待发的状态，

① [英]约翰·齐曼. 真科学：它是什么，它指什么[M]. 曾国屏，匡辉，张成岗，译. 上海：上海科技教育出版社，2008:51.

② [丹]赫尔奇·克拉夫. 科学史学导论[M]. 任定成，译. 北京：北京大学出版社. 2005:10.

用开放、活跃的方法取代封闭、静止的知识。由于不同个体在感知、表象、推理等方面存在着客观的思维能力差异，所以，那些与认知因素相对而言的心理因素，即虽不直接参与、但能制约认识过程的注意、情感、意志、兴趣、目的、期望等“第二类品质”，就成为人们可以通过努力而作出一定改善的主要方面。

不难理解，如果科学是为了用更加巧妙的途径达到阐明事物本质的目的，这种洞察力本身便不可能为它的内在热情以外的目的而随意触发。所以，一个有着自主意识的科学家，总是要凭借对科学的纯粹兴趣、能动注意、开放理解和顽健意志等来展开创造。被看做是重要认识论条件的这种积极的建设性，在我们所研究的任何一个范例中都有不同程度的体现。这同时也传达出，它其实可以被每一个善于激发自己主观意识的人得以具备。

也正是由于人们越来越清楚地看到这类非智力因素在人的创造力形成中的基础性作用，才开始将其纳入学校和家庭教育的基本内容之中，为将来成才做好主观方面的积极准备。与此同时，创新的发生在客观方面也受到科学诸多社会学特征的影响。这就需要人们从对范例的基旨分析中辨识出哪些应作为推动因素被重视，而哪些是作为阻碍因素要抛弃。

比如必须为科学家造成一个最合适的成长条件和施展平台。与良好的社会化环境相关的，大致有家庭环境、教育环境、集体环境和社会环境四种。就家庭环境而言，专制型家庭以自己的兴趣左右孩子，容易造成其刻板、呆滞、缺乏活力；溺爱型家庭会造成孩子任性和依赖；民主型家庭则能更好地引导和培养儿童丰富的想象力，塑造孩子的独立性和创造性。好的教育环境，一是取决于家庭对后代的智力投资与启蒙教育，二是取决于求学名校与师从名师，从而获得勤奋的治学态度、正确的思维方法和精到的默会知识。经过一系列必要的科学职业训练，科学家就开始进入到一个科研集体，能否施展个人的才华，则与这个科研集体的环境氛围密切相关。一般认为，目标一致、平等宽容和个性互补的研究集体，比较有利于科学家发挥其创造力。最后，相对于小的集体环境，经济、政治、文化等社会背景是影响科学家群体的大环境，只有环境允许科学家个人为发展生产力找到最有效的条件，创新才能“在适宜的条件下被精心培育后大量地盛开”[①]。

① 李正风，尹雪慧．创新的不确定性与创新方法研究的可能性[J]．创新方法，2009（1）．

明白了这些道理，要朝着培养创造型人才的目标努力，学习者就必须要调动主观意识的能动性，教育者需要致力于造就“学术温床”，管理者则要完善人才培养的制度、实施促进科学技术发展的国家政策。

三、科学大师范例的感召力

范例的意义，不仅体现在创新能力与实践技艺的发展上，在更加广泛而重要的层面，它还影响着人们的态度、情感及价值观。我们获悉，伟大的征服者们通过阅读以前的征服者们的事迹，既在很大程度上得到塑造，又受到前所未有的激励和鼓舞。因此，熟知人们在我们之前所做的事情即使不会绝对必然地，也会极大地促进我们将来的进步。

1. 直观榜样的魅力

在对科学大师创新方法的范例研究中，充满人性的原始材料无疑是有趣和感人的。那些构成活生生的科学的经线和纬线的所有偶然事件，那些得到科学发现的欢欣和冒险，以及那些混合在它们之中的人的因素。其中，人的因素作为影响与感召力出现，往往最具直观。

人类起初踏入科学之门，是由于他们满怀惊奇之情，惊奇于自然的精妙。然而，其后陆续投身科学或对科学感兴趣的人们，更多是惊奇于科学的精妙、科学发现的精妙。抑或说，人们想象不到如此精妙的事是由像我们一样的人发现的。因此，他们经常更感兴趣的是发现的过程和科学家本人，远胜于所发现的东西。但另一方面，与科学成果被人识见的高曝光率相比，科学家似乎总是作为象牙塔中的特殊群体被孤立在社会之外。科学家远离公众这一事实多年前就被人提起，如其所言，“公众享受着科学家带来的科技成果，却不知道科学家是谁”[①]，当然也就更谈不上学习科学家身上种种宝贵的科学精神了。在此，翔实记述科学家人生经历、描绘科学家人格特质的范例研究，某种程度上可以担负起增进公众了

① 李健．中国科学家为何远离公众[N]．中国青年报，2005-07-13．

解科学家的使命。而一旦跟随这一研究走进历史的科学人物中，人们从中得到的教益和启迪就是深刻而广泛的。

科学家是人格化了的科学，或者说是科学的人格化，所以在一定程度上，他的榜样魅力影响着公众对待科学的态度。心理学家发现，在对态度的形成与改变的研究中，最为可靠的情景是对人的榜样的模仿这一现象。作为榜样人物，科学家是受人钦佩的。他们服膺真理、勇于开拓的形象中蕴含了一种正面的情感成分，其行为倾向也就受到模仿和强化。在科学大师范例研究中，由于无可回避地描述了科学家身上所具有的一些极为重要的科学态度与专业品质，因此，它能提供真实合理的科学家形象，从而促进科学态度的塑造。

科学家的真知和美德，都是人类的宝贵财富。在人类的档案中，使人类从谬误、怀疑、迷信以及恐惧中彻底解放出来的记事，是由在精神征服之路上辛苦跋涉的科学家来写就的。从这个记录当中，人们可以看到科学家出于个体志趣而追求知性卓越的奋斗历程，看到他们为得到发现所忍受的经年累月的辛劳，看到一种毕一生之功孜孜求索的执著精神。这些真诚的生命体验本身，就是一本最为生动、最为鲜活的科学教科书。它用一种进取的精神、一种不为习惯所限的精神滋养着人们的科学意识和探索志趣。

尤其是，作为一个好的展示平台，科学大师的范例研究也启示着人文力量的一个更高层面。所谓“大师”，必得有独具慧眼的眼光，广博精神的学养，扎实深厚的功底，超凡脱俗的见识，胸襟开阔的气度，伟大高尚的人格。在这个意义上，我们的研究，就是要通过展示大师的成长历史及其更广泛的文化关联，开拓人们的眼界、勇气和热忱，培养人们提升人性追求的自觉；就是那些寻常不会对科学感兴趣的人，亦能从中对科学的人文价值有种生动的了解。毕竟，任何时代都需要对于卓越人物的景仰之情，什么时候我们失去了这种景仰，我们的人文体验和人性发展也就趋于迷茫。这如同对小朋友讲古代伟大人物的故事，尽管面前的小朋友未见得一定在将来成为气候，但还是要入情入理、绘声绘色地把故事讲给他听，这正是教育为人性发展启示的一个更高层面。

当然，科学家也是人。他们既有作为普通人的平常生活，也有作为科学实践者的喜怒哀乐；也许某些世俗的力量会把他们引入歧途，反过来，他们的行为也不可能置身于社会正义与道德责任之外。但也正因为他们是我们中的一员，我们才会觉得我们不仅可以学习他们，而且可以超过他们。无论如何，范例研究会帮助消除多数人头脑中存在的对科学家的刻板印象，在更加接近的距离以内，感受他们的人格魅力，恢复科学的人性形象。

2. 求知热情的唤起

就在范例研究的过程中，我们深深地体会到，在传递其本身的杰出性时，创新方法范例所起的作用类似于一件艺术作品，凭其自身独特性地体现了经验现实而引人注目。然而，那些创新法则和行家绝技与范例所尽力唤起的精神激情比较起来，还是没有什么感情色彩的，或者说，范例的吸引力，很大一部分是来自于它激发出了人们的求知热情。

追求真理的热情是一种精神激情，更普遍地来看，它包含了好奇心，求真的信念，求新求异的渴望，对多种多样的独创性的欣赏，对本质上杰出之事物的渴求，以及成功一刻那压倒一切的欢乐。法国现实主义作家司汤达说过，“在热情的激昂中，灵魂的火焰才有足够的力量把造成天才的各种材料熔冶于一炉。”[①] 既然科学是一种卓越知性的探究活动，那么，任何一位高效的科学家，都必然有着一种寻根究底的求知热情。而这一点体现在范例中，自然也应该成为它所产生的精神感召的一部分。

有人也许会说，由于阅读范例而受到的激励与感召，就像文学或宗教的影响一样，只是相当偶然的；并且，这也不应归功于范例研究，而该直接记到科学大师本人的功劳簿上。诚然，每一个科学发现最初都是一项极具感召力的行为。但也的确是在把这些生动发现转换成为机械的方法规则进行日常传授的过程中，学习者的个人参与才被全然改变了。许多富于想象力的学生反而对科学产生反感，一个重要的理由，就是介绍给他们的材料看上去支离破碎和枯燥乏味。不仅科学发现变成了一种失去一切动态特性的形式，那些曾经鞭策着发现者的求知热望也逐渐减低，最后变成了只对发现者得到启迪那一时刻的最初激动的微弱回响。

波兰尼说过，试图通过任何纯客观的形式程序来解释科学真理之建立的科学方法论都注定要失败，因为任何不受求知热情指导的探讨过程都会不可避免地陷

① 李兴业．非智力因素与创造力的培养[M]．武汉：湖北教育出版社，2002:121．

入琐碎的荒漠之中。[①]也正在这个意义上，范例研究是成功的。由于它深入到了特定的历史与现实情境之中，此前陆续进入到教科书、以便作为静态知识被一代代学生加以吸收的科学方法，便再一次回复到它们作为科学发现的本来过程。范例研究向人们详细追溯一项发现的全部历史，向其指明科学家如何一步步趋近于那个从未达到的目标；范例研究描述累代的科学家又是怎样凭着他们的才能把世界改变成为人们现在所见的样子；范例研究还让人们相信未来的发现同样也是存在的，重要是要靠人们激发自身科学探究的能力而实现。而所有这一切表明，再没有哪种做法比这样一种研究更加适于启示知性珍宝的整个库藏、在人心中激起更大创造激情的了。

当然，求知热情也许只是惯于表达的美学享受之中的一种。事实上，不管哪种形式的研究，其重要之处在于是否具有质的精神生命，将人带入一个充满希望的精神世界。从本质上说，任何具体的科学方法都不是根本性的。如何激发人们的想象力和求知欲，赋予方法以鲜活的生命力和创新之可能，这才是根本所在。一旦从这样的研究中，人们了解到方法是可变化的，而且相信这种变化会使方法变得更好，使获致知识的途径更便捷，那么，寻求创新的信念就会在他们的心里扎下深深的根基。

3. 创新氛围的培育

对科学大师范例进行研究，不仅仅是择取其个体到目前为止的科学生涯中的代表性事件进行叙述，更重要的，还是通过这种主题性的透视过程，体现出培育的特性。培育的内容极具广泛性，刚才谈到的对榜样的景仰和对求知求新的热情，是与读者阅读大师范例所生发的情绪体验相关的方面，是个体意义上的，而下面要谈的创新氛围的培育，涵盖的则是公共意义上的精神互动。

在很多方面，范例研究都为创新氛围的形成提供了适度的场域。人们只有首先对知识的发生和发展产生充分的兴趣，才会有进一步向创新性开放的精神互动。在科学大师范例中，研究者正是借助于生动的叙事思维，激发了读者头脑中

---

① [英]迈克尔·波兰尼．个人知识——迈向后批判哲学[M]．许泽民，译．贵阳：贵州人民出版社，2000:205.

的兴奋点，才使得创新氛围的培育向着可喜的方向发展。

比如，范例研究在深入科学发现“现场”、将创新实践的情境性融合进来这一方面优势显著。这种做法，不仅有助于读者培养起自身的行动潜能和参与活力，也可以促进读者真正理解科学活动的进程与方式。若果真能由此了解到科学的“进行中”的特性，人们就有可能受到激励，相信构造“新”方法的能力将在实践当中逐渐得到锻造。而一旦坚定了类似这样的信念，创新热潮的大汇流就会指日可待。

再有，范例研究通过在科学大师与读者之间确立一种“软性”的教育关系，以非正式过程或者说“隐性”途径，使科学大师扮演了未来科学精英的教育背景中的所谓“重要他人”。如此一来，人们不单是从科学大师对既有规则突破后所形成的知道如何做的实践智慧中获益无穷，更重要的，是受到科学大师自由、诚信、宽容、合作等精神气质的影响，人们有望被塑造成为创新文化所要求的那种形式，这亦是营造创新氛围的一种努力。

最后，也是最重要的一点，创新方法研究本身就是对创新精神的彰显。作为一个辐射科学方法全景和贴近创新前沿的窗口，科学大师的范例让我们了解、总结并且掌握了先辈们的毕生所得。正是站在这些卓越人物的肩膀上，人们才更加有理由相信，科学的后进者可以、也能够比他们最负盛名的前辈有更多的创新。使对创新不感兴趣的人感兴趣，使对创新感兴趣的人更具创造性，这样的研究，就是培育创新氛围的最好方式。

参考文献

主要中文著作

[1] [美]爱因斯坦．爱因斯坦文集（第1卷）[M]．许良英，范岱年，编译．北京：商务印书馆，1976.

[2] [美]爱因斯坦．爱因斯坦文集（第3卷）[M]．许良英，赵中立，张宣三，编译．北京：商务印书馆，1979.

[3] [英]巴里・巴恩斯．局外人看科学[M]．鲁旭东，译．北京：东方出版社，2001.

[4] [英]W.I.B.贝弗里奇．发现的种子[M]．金吾伦，李亚东，译．北京：科学出版社，1987.

[5] [英]W.I.B.贝弗里奇．科学研究的艺术[M]．陈捷，译．北京：科学出版社，1979.

[6] 北京大学哲学系外国哲学史教研室．十六—十八世纪西欧各国哲学[G]．北京：生活・读书・新知三联书店，1958.

[7] 北京理工大学科学技术与社会研究所．科学技术与社会文化[G]．长沙：湖南人民出版社，2007.

[8] 北京市科学技术协会，中国创造学会，北京创造学会．国际创造学学术讨论会论文集[C]．北京：中国科学技术出版社，2006.

[9] [联邦德国]M.玻恩．我这一代的物理学[M]．侯德彭，蒋贻安，译．北京：商务印书馆，1964.

[10] [英]迈克尔・波兰尼．个人知识——迈向后批判哲学[M]．许泽民，译．贵阳：贵州人民出版社，2000.

[11] [英]迈克尔・波兰尼．科学、信仰与社会[M]．王靖华，译．南京：南京大学出版社，2004.

[12] [美]戴维・玻姆．论创造力[M]．洪定国，译．上海：上海科学技术出版社，2001.

[13] [英]卡尔・波普尔．猜想与反驳——科学知识的增长[M]．傅季重，纪树立，周昌忠，蒋弋为，译．上海：上海译文出版社，2001.

[14] [美]J.布里格斯，F.D.皮特．湍鉴——混沌理论与整体性科学导引[M]．刘华杰，潘涛，译．北京：商务印书馆，1998.

[15] [美]布里奇曼．布里奇曼文选[M]．杜丽燕，余灵灵，编．北京：社会科学文献出版社，2009.

[16] [英]马克斯・H・布瓦索．信息空间——认识组织、制度和文化的一种框架[M]．王寅通，译．上海：上海译文出版社，2000.

[17] [德]爱德华·策勒尔. 古希腊哲学史纲[M]. 翁绍军，译. 上海：上海人民出版社，2007.

[18] [英]A.F.查尔默斯. 科学究竟是什么[M]. 鲁旭东，译. 北京：商务印书馆，2007.

[19] [美]弗里曼·J·戴森. 太阳、基因组与互联网：科学革命的工具[M]. 覃方明，译. 北京：生活·读书·新知三联书店，2000.

[20] [英]爱德华·德波诺. 思维的训练[M]. 何道宽，许力生，译. 北京：生活·读书·新知三联书店，1987.

[21] [德]迪特里希·德尔纳. 失败的逻辑——事情因何出错，世间有无妙策[M]. 王志刚，译. 上海：上海科技教育出版社，1999.

[22] 邓勇. 科学的思维[G]. 北京：科学出版社，2006.

[23] [法]皮埃尔·迪昂. 物理理论的目的与结构[M]. 张来举，译. 北京：中国书籍出版社，1995.

[24] 丁钢. 声音与经验：教育叙事探究[M]. 北京：教育科学出版社，2008.

[25] [日]恩田彰. 创造性心理学[M]. 陆祖昆，译. 石家庄：河北人民出版社，1987.

[26] [美]保罗·法伊尔阿本德. 反对方法——无政府主义知识论纲要[M]. 周昌忠，译. 上海：上海译文出版社，1992.

[27] 方明. 缄默知识论[M]. 合肥：安徽教育出版社，2004.

[28] 冯之浚，张念椿，孙章. 科学启示录[M]. 南宁：广西人民出版社，1985.

[29] 傅世侠. 创造[M]. 沈阳：辽宁人民出版社，1985.

[30] [美]修·高奇. 科学方法实践[M]. 王义豹，译. 北京：清华大学出版社，2005.

[31] 郭贵春. 科学实在论的方法论辩护[M]. 北京：科学出版社，2004.

[32] 郭昊龙. 科学、人文及其融合[M]. 北京：高等教育出版社，2009.

[33] [美]苏珊·哈克. 理性地捍卫科学——在科学主义与犬儒主义之间[M]. 曾国屏，袁航等，译. 北京：中国人民大学出版社，2008.

[34] [德]亨利希·海涅. 论德国[M]. 薛华，海安，译. 北京：商务印书馆，1980.

[35] 胡钰. 从“中国制造”到“中国智造”——为什么要建设创新型国家[M]. 北京：人民出版社，2008.

[36] [英]A.N.怀特海. 科学与近代世界[M]. 何钦，译. 北京：商务印书馆，1989.

[37] [美]杰拉尔德·霍尔顿. 爱因斯坦、历史与其他激情——20世纪末对科学的反叛[M]. 刘鹏，杜严勇，译. 南京：南京大学出版社，2006.

[38] 纪宝成，刘大椿. 中国人民大学中国人文社会科学发展研究报告2008-2009：学科整合与热点聚焦[R]. 北京：中国人民大学出版社，2009.

[39] [美]希拉·贾撒诺夫，等. 科学技术论手册[M]. 盛晓明等，译. 北京：北京理工大学出版社，2004.

[40] 姜念涛. 科学家的思维方法[M]. 昆明：云南人民出版社，1984.

[41] 金芳，黄烨菁. 创新型国家建设：进程、障碍与出路[M]. 上海：上海人民出版社，2007.

[42] 金吾伦. 感悟科学——科学哲学探询[M]. 长沙：湖南人民出版社，2007.

[43] [德]康德. 宇宙发展史概论[M]. 上海：上海人民出版社，1972.

[44] [丹]赫尔奇·克拉夫. 科学史学导论[M]. 任定成，译. 北京：北京大学出版社. 2005.

[45] [英]托马斯·克拉普. 科学简史——从科学仪器的发展看科学的历史[M]. 朱润生，译. 北京：中国青年出版社，2005.

[46] [美]M.克莱因. 古今数学思想（第1册）[M]. 张理京，张锦炎，译. 上海：上海科学技术出版社，1979.

[47] [美]托马斯·库恩. 必要的张力——科学的传统和变革论文选[M]. 范岱年，纪树立等，译. 北京：北京大学出版社，2004.

[48] [美]托马斯·库恩. 科学革命的结构[M]. 金吾伦，胡新和，译. 北京：北京大学出版社，2003.

[49] [美]T.S.库恩. 科学革命的结构[M]. 李宝恒，纪树立，译. 上海：上海科学技术出版社，1980.

[50] [苏]库兹涅佐夫. 爱因斯坦——生·死·不朽[M]. 刘盛际，译. 北京：商务印书馆，1988.

[51] [法]皮埃尔·西蒙·拉普拉斯. 宇宙体系论[M]. 李珩，译. 上海：上海译文出版社，2001.

[52] [法]布鲁诺·拉图尔，[英]史蒂夫·伍尔加. 实验室生活：科学事实的建构过程[M]. 张伯霖，刁小英，译. 北京：东方出版社，2004.

[53] [美]约瑟夫·劳斯. 知识与权力——走向科学的政治哲学[M]. 盛晓明，邱慧，孟强，译. 北京：北京大学出版社，2004.

[54] 李创同. 科学哲学思想的流变——历史上的科学哲学思想家[M]. 北京：高等教育出版社，2006.

[55] 李建军. 创造发明学导引（第2版）[M]. 北京：中国人民大学出版社，2009.

[56] 李磊. 科学技术的现代面孔——国家科技与社会化认知[M]. 北京：人民出版社，2006.

[57] 李小平. 创造技法的理论与应用[M]. 武汉：湖北教育出版社，2001.

[58] 李兴业. 非智力因素与创造力的培养[M]. 武汉：湖北教育出版社，2002.

[59] 李正风. 科学知识生产方式及其演变[M]. 北京：清华大学出版社，2006.

[60] [苏]列宁. 哲学笔记[M]. 林利等，译. 北京：中共中央党校出版社，1990.

[61] 林晶. 科学创新的哲学研究[M]. 长春：吉林人民出版社，2008.

[62] 刘兵，江洋. 科学史与教育[M]. 上海：上海交通大学出版社. 2008.

[63] 刘大椿．从辩护到审度——马克思科学观与当代科学论[C]．北京：首都师范大学出版社，2009.

[64] 刘大椿．从中心到边缘——科学、哲学、人文之反思[M]．北京：北京师范大学出版社，2006.

[65] 刘大椿．科学活动论·互补方法论[M]．桂林：广西师范大学出版社，2002.

[66] 刘大椿，陈光．科技哲人2007[G]．成都：西南交通大学出版社，2007.

[67] 刘高岑．当代科学意向论[M]．北京：科学出版社，2006.

[68] 柳树滋，邢润川．现代物理学的革命和两条哲学路线的斗争[M]．北京：人民出版社，1977.

[69] 路甬祥．科学与中国——院士专家巡讲团报告集（第四辑）[G]．北京：北京大学出版社，2007.

[70] [法]莱昂·罗斑．希腊思想和科学精神的起源[M]．陈修斋，译．桂林：广西师范大学出版社，2003.

[71] [英]迈克尔·马尔凯．科学社会学理论与方法[M]．林聚任等，译．北京：商务印书馆，2006.

[72] [德]马克思，恩格斯．马克思恩格斯全集（第1卷）[M]．北京：人民出版社，1956.

[73] [美]马斯洛．科学与科学家的心理[M]．邵威等，译．北京：北京大学出版社，1989.

[74] [英]詹姆斯·W·麦卡里斯特．美与科学革命[M]．李为，译．长春：吉林人民出版社，2000.

[75] [美]莎兰.B.麦瑞尔姆．质化方法在教育研究中的应用：个案研究的扩展[M]．于泽元，译．重庆：重庆大学出版社，2008.

[76] [法]Jean-Pierre Maury．伽利略——揭开月亮的面纱[M]．金志平，译．上海：上海书店出版社，2000.

[77] [英]梅尔茨．十九世纪欧洲思想史（第1卷）[M]．周昌忠，译．北京：商务印书馆，1999.

[78] [英]斯蒂芬·F·梅森．自然科学史[M]．上海外国自然科学哲学著作编译组，译．上海：上海人民出版社，1977.

[79] 孟强．从表象到介入：科学实践的哲学研究[M]．北京：中国社会科学出版社，2008.

[80] [英]阿瑟·I·米勒．爱因斯坦·毕加索：空间、时间和动人心魄之美[M]．方在庆，伍梅红，译．上海：上海科技教育出版社，2003.

[81] [美]罗伯特·K·默顿．社会研究与社会政策[M]．林聚任等，译．北京：生活·读书·新知三联书店，2001.

[82] [英]W.H.牛顿—史密斯．科学哲学指南[M]．成素梅，殷杰，译．上海：上海科技教育出版社，2006.

[83] 钮卫星，江晓原．科学史读本[M]．上海：上海交通大学出版社，2008.

[84] [美]道格拉斯·C·诺思．经济史中的结构与变迁[M]．陈郁，罗华平等，译．上海：生活·读书·新知三联书店、上海人民出版社，1994.

[85] [意]马尔切洛·佩拉. 科学之话语[M]. 成素梅，李洪强，译. 上海：上海科技教育出版社，2006.

[86] [美]安德鲁·皮克林. 实践的冲撞——时间、力量与科学[M]. 邢冬梅，译. 南京：南京大学出版社，2004.

[87] [美]D.普赖斯. 小科学，大科学[M]. 宋剑耕，戴振飞，译. 世界科学社，1982.

[88] [美]D.普赖斯. 巴比伦以来的科学[M]. 任元彪，译. 石家庄：河北科学技术出版社，2002.

[89] [英]约翰·齐曼. 技术创新进化论[M]. 孙喜杰，曾国屏，译. 上海：上海科技教育出版社，2002.

[90] [英]约翰·齐曼. 真科学：它是什么，它指什么[M]. 曾国屏，匡辉，张成岗，译. 上海：上海科技教育出版社，2008.

[91] [美]S.钱德拉塞卡. 莎士比亚、牛顿和贝多芬——不同的创造模式[M]. 杨建邺，王晓明等，译. 长沙：湖南科学技术出版社，1995.

[92] 芮延年. 创新学原理及其应用[M]. 北京：高等教育出版社，2007.

[93] [美]司马贺. 人工科学：复杂性面面观[M]. 武夷山，译. 上海：上海科技教育出版社，2004.

[94] 孙军业. 案例教学[M]. 天津：天津教育出版社，2004.

[95] 孙小礼. 科学方法论史纲[M]. 北京：北京出版社，1988.

[96] 孙小礼. 科学方法中的十大关系[M]. 上海：学林出版社，2004.

[97] [日]汤川秀树. 创造力与直觉——一个物理学家对于东西方的考察[M]. 周林东，译. 石家庄：河北科学技术出版社，2000.

[98] [美]卡迈什瓦尔·瓦利. 孤独的科学之路：钱德拉塞卡传[M]. 何妙福，傅承启，译. 上海：上海科技教育出版社，2006.

[99] 王善博. 科学合理性[M]. 济南：山东教育出版社，2005.

[100] [美]诺伯特·维纳. 发明：激动人心的创新之路[M]. 赵乐静，译. 上海：上海科学技术出版社，2002.

[101] [美]诺伯特·维纳. 控制论[M]. 郝季仁，译. 北京：科学出版社，1985.

[102] [英]亚·沃尔夫. 十六十七世纪科学技术和哲学史[M]. 周昌忠等，译. 北京：商务印书馆，1985.

[103] 吴元樑. 科学方法论基础（增补本）[M]. 北京：中国社会科学出版社，2008.

[104] [德]席勒. 美育书简[M]. 徐恒醇，译. 北京：中国文联出版公司，1984.

[105] 邢冬梅. 实践的科学与客观性回归[M]. 北京：科学出版社，2008.

[106] [美]约瑟夫·熊彼特. 经济发展理论——对于利润、资本、信贷、利息和经济周期的考察[M]. 何畏，易家详等，译. 北京：商务印书馆，1991.

[107] 徐利治. 数学方法论十二讲[M]. 大连：大连理工大学出版社，2007.

[108] [古希腊]亚里士多德．形而上学[M]．吴寿彭，译．北京：商务印书馆，1959.

[109] 阎康年．贝尔实验室：现代高科技的摇篮[M]．保定：河北大学出版社，1999.

[110] 阎康年．卡文迪什实验室：现代科学革命的圣地[M]．保定：河北大学出版社，1999.

[111] 杨建邺．傲慢与偏见——诺贝尔奖获奖者的误区[M]．武汉：武汉出版社，2000.

[112] 杨雁斌．创新思维法[M]．上海：华东理工大学出版社，2005.

[113] [美]罗伯特·K·殷．案例研究：设计与方法（第3版）[M]．周海涛，李永贤，张蘅译．重庆：重庆大学出版社，2004.

[114] 余翔林．科学的魅力[G]．北京：科学出版社，2002.

[115] 张鸿骊．科学方法要论[M]．西安：陕西人民出版社，1998.

[116] 张九庆．自牛顿以来的科学家——近现代科学家群体透视[M]．合肥：安徽教育出版社，2003.

[117] 赵玉林．困惑与出路——现代科学方法导引[M]．武汉：湖北教育出版社，1989.

[118] 赵中立，许良英．纪念爱因斯坦译文集[G]．上海：上海科学技术出版社，1979.

[119] 中国科学技术协会学会学术部．仿真——认识和改造世界的第三种方法吗[C]．北京：中国科学技术出版社，2007.

[120] 中国科学院．2007科学发展报告[R]．北京：科学出版社，2007.

[121] 中国社会科学院语言研究所词典编辑室．现代汉语词典[D]．北京：商务印书馆，1996.

[122] 周昌忠．创造心理学[M]．北京：中国青年出版社，1983.

[123] 周义澄．科学创造与直觉[M]．北京：人民出版社，1986.

[124] [美]哈里特·朱克曼．科学界的精英[M]．周叶谦，冯世则，译．北京：商务印书馆，1979.

[125] [宋]朱熹．四书章句集注[M]．北京：中华书局，1983.

[126] 朱新明，李亦非．架设人与计算机的桥梁——西蒙的认知与管理心理学[M]．武汉：湖北教育出版社，1999.

主要中文报刊

[1] [法]嘉·阿达玛．关于科学史问题·微积分学的诞生[C]//中国科学院自然科学史研究所数学史组，中国科学院数学研究所数学史组．数学史译文集．郭书春，译．上海：上海科学技术出版社，1981.

[2] 陈广仁．科学创新的涵义[J]．西北师大学报（社会科学版），2003（3）.

[3] 成素梅．走向语境论的科学哲学[J]．科学技术与辩证法，2005（4）.

[4] 丁俊武，韩玉启，郑称德．创新问题解决理论——TRIZ研究综述[J]．科学与科学技术管理，2004（11）．

[5] 樊阳程．科学创造力的机器发现研究述评[J]．自然辩证法研究，2007（11）．

[6] 傅季重，周昌忠．现代形式逻辑的科学方法论[J]．哲学研究，1982（8）．

[7] 桂起权，宋伟．BACON机器、科学发现与创造——AI心理学派学者西蒙思想解读[J]．东南大学学报（哲学社会科学版），2003（4）．

[8] 郭传杰．科技创新与人文精神的互动[G]//余翔林．科学的魅力．北京：科学出版社，2002.

[9] 胡菊芹．引进创新方法提高创新效率[N]．科技日报，2007-03-07.

[10] 黄炳线．科学中的宽容精神[J]．东岳论丛，2002（4）．

[11] 黄欣荣．复杂性科学方法论：内涵、现状和意义[J]．河北师范大学学报：哲学社会科学版，2008（4）．

[12] [美]J.P.吉尔福特．创造力与创造性思维新论[J]．华东师范大学学报：教育科学版，1990（4）．

[13] 金吾伦．创新方法论[J]．天津社会科学，2003（2）．

[14] [苏]凯德洛夫．论直觉——凯德洛夫答《科学与宗教》杂志问[J]．周义澄译．世界哲学，1980（6）．

[15] 寇冬泉．论创造力的研究取向[J]．高教论坛，2003（6）．

[16] 李健．中国科学家为何远离公众[N]．中国青年报，2005-07-13.

[17] 李醒民．科学方法概览[J]．哲学动态，2008（9）．

[18] 李醒民．科学探索的动机或动力[J]．自然辩证法通讯，2008（1）．

[19] 李醒民．隐喻：科学概念变革的助产士[J]．自然辩证法通讯，2004（1）．

[20] 李玉兰．类比推理的机制与功能[J]．武汉大学学报（哲学社会科学版），1995（3）．

[21] 李正风，尹雪慧．创新的不确定性与创新方法研究的可能性[J]．创新方法，2009（1）．

[22] 林晶．创新概念进入科学哲学论域的认识论意义[J]．东北师大学报（哲学社会科学版），2004（5）．

[23] 刘大椿．科学方法论：问题和趋势[J]．中国人民大学学报，1988（8）．

[24] 刘大椿．隐喻何以成为科学的工具[J]．西北师大学报（社会科学版），2009（4）．

[25] 刘高岑．当代西方科学哲学的科学创新研究述评[J]．哲学动态，2008（1）．

[26] 刘华杰．方法的变迁和科学发展的新方向[J]．哲学研究，1997（11）．

[27] 刘燕华．大力开展创新方法工作 全面提升自主创新能力[N]．科技日报，2007-05-29.

[28] 刘永谋．科学哲学·认识论·知识论[G]//刘大椿，陈光．科技哲人2007．成都：西南交通大学出版社，2007.

[29] 路甬祥．走中国特色自主创新之路，建设创新型国家[R]//中国科学院．2007科学发展报告．北

京：科学出版社，2007.

[30] 彭新武. 复杂性科学：一场思维方式的变革[J]. 河北学刊，2003（3）.

[31] [美]S.钱德拉萨克. 美与科学对美的探求[J]. 科学与哲学：研究资料，1980（4）.

[32] 任工昌，黄勋，李耀宗. 高层次产品创新方法——TRIZ理论[J]. 陕西科技大学学报，2003（2）.

[33] 任元彪. 原始创新动力问题探讨[J]. 科学学研究，2007（6）.

[34] 孙立平. 实践社会学与市场转型过程分析[J]. 中国社会科学，2002（5）.

[35] 孙慕天. 作为科学哲学概念的创新——发现与创新的关系辨析[J]. 自然辩证法研究，2002（1）.

[36] 孙雍君. 斯滕伯格创造力理论述评[J]. 自然辩证法通讯，2000（1）.

[37] 涂明君. 程序化的哲学阐释[D]. 中国人民大学学位论文，2008.

[38] [美]维格纳. 科学家与社会[J]. 世界科学，1993（4）.

[39] 吴彤. 走向实践优位的科学哲学——科学实践哲学发展述评[J]. 哲学研究，2005（5）.

[40] 吴永忠. 科技创新趋势与国家科技基础条件平台的建设[J]. 自然辩证法研究，2004（9）.

[41] 肖广岭. 隐性知识、隐性认识和科学研究[J]. 自然辩证法研究，1999（8）.

[42] 肖显静，郭贵春. 仪器实在论[J]. 自然辩证法研究，1995（10）.

[43] 严建新，王续琨. 中国创造学（创造—创新）研究成果的统计分析[G]//北京市科学技术协会，中国创造学会，北京创造学会. 国际创造学学术讨论会论文集. 北京：中国科学技术出版社，2006.

[44] 阎康年. 中外科技创新文化环境对比研究初探[G]//邓勇. 科学的思维. 北京：科学出版社，2006.

[45] 于景元，周晓纪. 从综合集成思想到综合集成实践——方法、理论、技术、工程[J]. 管理学报，2005（1）.

[46] 俞崇武. 创新方法面面观[J]. 华东科技，2008（5）.

[47] 俞国良. 论个性与创造力[J]. 北京师范大学学报：社会科学版，1996（4）.

[48] 张春美. 马克斯·佩鲁茨：科学不是一种平静的生活[J]. 自然辩证法通讯，2004（4）.

[49] 赵士英，洪晓楠. 显性知识与隐性知识的辩证关系[J]. 自然辩证法研究，2001（10）.

[50] 周立伟. 再谈科学创造四阶段[J]. 北京理工大学科学技术与社会研究所. 科学技术与社会文化[M]. 长沙：湖南人民出版社，2007.

[51] 周勇. 经济学的叙述空间[N]. 经济学消息报，2002-05-03.

[52] 邹承鲁，等. 自然、人文、社科三大领域聚焦原始创新[J]. 软科学，2002（8）.

主要英文文献

[1] Brown T L. Making Truth: Metaphor in Science[M]. University of Illinois Press, 2003.

[2] Guba E G, and Lincoln Y S. Effective Evaluation[M]. San Francisco: Jossey-Bass, 1981.

[3] Hallyn F. Metaphor and Analogy in the Sciences[M]. Dordrecht: Kluwer Academic Publishers, 2000.

[4] Nickles T. Scientific Discovery: Case Studies[M]. Dordrecht: Reidel, 1980.

[5] Nickles T. Scientific Discovery, Logic, and Rationality[M]. Dordrecht: Reidel, 1980.

[6] Ortony A. Metaphor and Thought[C]. Cambridge: Cambridge University, 1993.

[7] Toulmin S. Rationality and Scientific Discovery[M]. Boston Studies in the Philosophy of Science, 1974.

[8] Black M. More About Metaphor[A]. Ortony A (ed.). Metaphor and Thought[C]. Cambridge: Cambridge University, 1993.

[9] Campbell D T. Blind Variation and Selective Retention in Creative Thought as in Other Knowledge Processes[J]. Psychological Review 67, 1960: 398.

[10] Crick F. Crick looks back on DNA[J]. Science, 1979, Vol.206: 667.

[11] Cronbach L J. Beyond the Two Disciplines of Scientific Psychology[J]. American Psychologist, 1975, 30, 123.

[12] Shaw K E. Understanding the Curriculum: The Approach Through Case Studies[J]. Journal of Curriculum Studies, 1978, 10 (1): 2.

[13] Simon H A. Discovery, Invention, and Development: Human Creative Thinking[J]. Proceedings of the National Academy of Sciences U.S.A., Physical Sciences, 1982, 80 (14): 4569-4571.

[14] Simon H A. Explaining ineffable—AI on intuition, insight and inspiration Topics[A]. Proceedings of JCAI-95, International Joint Conference on Artificial Intelligence.

[15] Toru Nakagawa. Let's Learn TRIZ[J]. Plant Engineers, 1999, Vol.31, August.

后　记

创新方法的范例研究，由于其鲜活和超乎寻常的生命力，虽然难以规范和切实把握，却是生动而具有挑战性的工作。本课题采用科学大师的范例作为创新方法研究的平台，是很幸运的，在课题的起始和终了之前安排一个概要性的说明，也是非常必要的。

思维创新、方法创新和工具创新既非凭空而来，也不是循着某种既定步骤实现的。但科学创造的实践告诉我们，很多成就都是起于某些范例，不期然从中受到某种启发，才开始了创新之旅。依照特定的关于方法的规定，教条式地、程序化地按图索骥，难能有实际的创新方法。极而言之，即使对创新方法能够给出一些条条框框的规定，那也是看上去谁都说应该如此，实际却谁都无法照此开展创新事业的。

作为整个课题的先导，本书的任务，是要把创新方法范例研究中所有难说的，但又是我们想说的理论问题和实际考虑交代清楚，以此明确课题的立意、目标与线索。以前少有人专题性地做过此项工作，因为范例研究不是方法论研究的常态。著者试图用非概念化的方式来展现科学大师创新方法范例研究的基本概念，也试图寻求轻松开放的笔触，作为平复倦怠之补，但因本书的学术角色所限，其生动性与其他各卷具体范例研究相比，自然差胜一筹。无论如何，我们还是相信读者将有所得，应能更为自觉地从卓越科学家的生平和事业中体会到创新方法的关键作用。

在整个课题的研究过程中，本书开始得最早，结束得最晚。找寻资料，选择案例，修正概念，架构型范，斟酌文字，营造风格，多费踌躇。这是一本多所反复、不断推敲而成的尝试之作，此时终于得以呈现于读者面前，甚感欣慰。潘睿为本书初稿下了很大工夫，赵鹰后来对文字和图片也提出了很多宝贵意见，主编则试图把自己对科学大师创新方法范例研究的基本理念和观点渗透进去。著者的愿望，是让它与本系列研究的其他诸书互相倚重、互为补充。能否达此初衷，尚祈专家和读者指教。

刘大椿　潘睿

2011年元旦